数字岩心建模及孔隙结构表征

Digital Core Modeling and Pore Structure Characterization

李小彬　王　磊　蔡建超

赵久玉　蒙　超　胡　广　　著

中国地质大学出版社
CHINA UNIVERSITY OF GEOSCIENCES PRESS

图书在版编目（CIP）数据

数字岩心建模及孔隙结构表征/李小彬等著. —武汉：中国地质大学出版社，2023.12
ISBN 978-7-5625-5730-2

Ⅰ.①数… Ⅱ.①李… Ⅲ.①岩芯分析-应用-岩体-大孔隙渗流-研究 Ⅳ.①P634.1 ②P584

中国国家版本馆 CIP 数据核字（2023）第 249868 号

| 数字岩心建模及孔隙结构表征 | 李小彬 王 磊 蔡建超 | |
| | 赵久玉 蒙 超 胡 广 | 著 |

责任编辑：韩 骑	选题策划：韩 骑	责任校对：张咏梅
出版发行：中国地质大学出版社（武汉市洪山区鲁磨路 388 号）		邮编：430074
电 话：(027)67883511	传 真：(027)67883580	E-mail：cbb@cug.edu.cn
经 销：全国新华书店		http://cugp.cug.edu.cn
开本：787 毫米×1 092 毫米 1/16		字数：254 千字 印张：11
版次：2023 年 12 月第 1 版		印次：2023 年 12 月第 1 次印刷
印刷：广东虎彩云印刷有限公司		

ISBN 978-7-5625-5730-2	定价：68.00 元

如有印装质量问题请与印刷厂联系调换

前　言

　　岩石作为自然界中广泛存在的复杂多孔介质,对其孔隙结构特征及物理性质的研究与地质工程、地球物理、石油工程、碳储工程等学科领域密切相关。岩石微观复杂孔隙结构控制着宏观物理性质,准确表征岩石微观孔隙结构特征及建立孔隙结构与物理属性的关系是岩石物理研究重点考虑的关键问题。基于高精度图像采集、高性能计算处理和多方法数值模拟等技术发展起来的数字岩石物理技术,为解决非均质、致密、含裂缝、超深超压等复杂储层岩石的孔隙结构评价、岩石物理响应机理、流体渗流预测等难题提供新思路和新方法。相比传统实验室岩石物理,数字岩石物理节省人力、物力和财力。数字岩心建模及孔隙结构表征是数字岩石物理研究的基础和重要组成部分。目前,在数字岩心构建及微观孔隙结构表征方面仍缺少较为系统的总结文献,因此本书重点总结数字岩心建模及微观孔隙结构表征方法,为认识和理解地球岩石提供微观尺度研究视角。

　　本书共分为6章,第一章主要阐述数字岩心建模技术和岩石孔隙结构表征研究进展。第二章阐述物理实验法构建三维数字岩心,重点阐述激光扫描共聚焦显微镜法、聚焦离子束扫描电镜法和X射线CT扫描法。第三章阐述数值模拟法构建三维数字岩心,具体建模方法包括高斯场法、模拟退火法、多点地质统计法、马尔科夫链-蒙特卡洛法、过程法、数学形态学法和深度学习法等,数值模拟法是重构三维数字岩心的重要手段。第四章开展基于孔隙几何函数的三维数字岩心表征。第五章开展基于孔隙网络模型的三维数字岩心表征。第六章开展基于分形理论的三维数字岩心表征。本书通过建立微观尺度三维数字岩心和分析数字岩心孔隙结构特征,为准确评价岩石孔隙结构提供理论基础。

　　本书在撰写过程中,李小彬博士对总体内容进行汇总统稿,蔡建超教授对总体思路进行指导,第三章第七节深度学习法由赵久玉博士撰写,其余部分由其他作者共同完成。本书在撰写过程中得到了韦伟副研究员、张晓明博士、胡美艳博士、夏宇轩博士的支持。本书研究获得国家自然科学基金面上项目(No. 42172159)、广州市基础研究计划基础与基础应用研究项目(No. 2023A04J0917)、页岩气评价与开采四川省重点实验室开放基金(No. YSK2023007)资助,同时也得到南方海洋科学与工程广东省实验室(广州)、页岩气评价与开采四川省重点实验室、中煤科工西安研究院(集团)有限公司等单位的支持,在此表示感谢。此外,本书参考了国内外相关领域专家、学者的优秀成果,为本书的顺利完成提供了大量文献信息,在此衷心表示感谢!

　　由于笔者专业水平有限,书中难免有部分内容理解不到位甚至出现错误的地方,敬请各位读者批评指正。

笔　者

2023年9月

目　录

第一章 绪 论

　　数字岩心三维建模及孔隙结构准确表征是微观尺度岩石研究的重要内容。本章主要介绍研究背景与意义、数字岩心建模技术研究进展和岩石孔隙结构表征研究进展。数字岩心是数字岩石物理研究的基础,孔隙结构是影响岩石物理属性的重要因素,深入研究数字岩心建模及表征方法具有重要意义。

第一节 研究背景与意义

　　石油、天然气和水合物等战略资源影响着国家的能源安全和发展大计。据统计,目前我国大部分油田的平均采收率仅有 1/3,储层中仍保存着大量未能有效开采的油气。随着国家能源战略向"深地、深海、非常规"转变,非常规储层能源勘探开发愈趋紧迫。天然气和水合物作为一种储量大、无污染的清洁能源近年受到人们广泛关注,成为我国能源资源勘探开发的重点方向之一。特殊储层的复杂性限制了勘探开发及利用的效率,因此,仅仅利用宏观层面的勘探技术已无法满足储层的精细评价和开采需求,岩心的多尺度分析对于评价储层性质和提高采收率变得越来越重要(Lin et al.,2017;Zhao et al.,2020)。

　　基于高精度图像采集、高性能计算处理和多方法数值模拟等技术发展起来的数字岩石物理技术,为解决非均质、致密、含裂缝、超深超压等复杂储层的孔隙结构评价、岩石物理响应机理、油气预测评价等难题提供新思路和新方法(赵建鹏等,2020)。相比传统实验室岩石物理,数字岩石物理节省大量人力、物力和财力,最重要的是可以从微观尺度定量分析多种因素对岩石物理属性的影响规律,探究其内在机理(Tomutsa et al.,2007;刘学锋,2010;Andrä et al.,2013;Berg et al.,2017;郭肖和李闻,2018;李小彬,2021;刘建军等,2021;赵建国等,2021;Liu et al.,2022)。数字岩石物理定义为,在地质条件约束下,利用现代数学方法与成像技术,建立数字岩心,计算孔隙结构参数,开展物理场数值模拟,研究岩石微观结构、物质组成与宏观物理属性之间的关系(朱伟和单蕊,2014;靳军等,2020)。Andrä 等(2013)和 Blunt 等(2013)将数字岩石物理总结为 3 个主要研究内容:数字岩心建模、孔隙空间及矿物组分表征、物理属性模拟。近年来,随着计算机技术快速发展,数字岩石物理技术已成为定量研究岩石性质的有效方法。

　　岩心是描述地下资源储层岩石特征最直接、最直观的资料之一(林振洲,2019)。传统上通常将岩心制备成系列薄片,然后通过精密仪器观察岩心薄片以获得定性或定量信息。该方法费时费力,而且容易损坏岩心内部的孔隙结构。此外,由于岩心具有较高的硬度和密度,不可能像研究生物组织一样有效地分析岩心薄片,因此传统上通过系列二维薄片往往不能有效地描述岩石的三维孔隙结构。目前,通过物理实验法和数值模拟法构建三维数字岩心是表征岩心三维孔隙结构特征的有效手段。随着计算机层析成像技术(CT)的发展和成熟,该技术已广泛应用于地球科学和石油工程等领域,特别是在数字岩心建模方面已开展广泛研究。CT 技术在不损坏岩心的前提下,能够直观、准确地建立表征岩心孔隙结构特征的数字化模型。数值模拟法能够根据研究目的,经济且有效地建立满足研究需求的三维数字岩心模型,以重构微观结构特征。

第二节　数字岩心建模技术研究进展

三维数字岩心在孔隙尺度精确描述了岩石固体骨架和孔隙空间特征。目前,数字岩心建模技术分为两大类:物理实验法和数值重建法(Thovert and Adler,2011;Blunt et al.,2013;Dong et al.,2017)。物理实验法以高精度实验设备对真实岩心进行扫描成像以建立三维数字岩心,例如 X 射线 CT 扫描法、激光扫描共聚焦显微镜法、聚集离子束扫描电镜法。数值重建法以二维图像或统计信息为基础,应用数学方法重构与真实岩心等价的数字化模型,包括高斯场法、模拟退火法、多点地质统计法、马尔科夫链-蒙特卡洛法、过程法、深度学习法和混合法等,这些建模技术为构建岩石的数字化三维结构提供了有效手段(Zhu et al.,2019;Yang et al.,2023)。

一、物理实验法

物理实验法以真实岩心为基础,通过高精度实验设备对岩心进行扫描成像以建立数字岩心。该方法首先制作大小合适的岩心样品,然后利用高精度仪器(如 X 射线 CT 扫描仪、聚焦离子束扫描电镜等)获取岩心的二维图像信息,经过一系列图像处理,将二维图像准确组合为三维图像,从而构建三维数字岩心。

1. 二维薄片叠加成像法

该方法首先准备待研究的岩心样品,确定样品的视域范围,然后对样品表面进行抛光处理,利用电子显微镜等高精度设备拍照成像,获得样品在该平面的二维图像,对该样品进行重复抛光和拍照,从而获得一系列二维图像,每张二维图像都反映一定深度的孔隙结构信息,最后按照不同深度将系列二维图像进行排列叠合,从而建立反映样品三维信息的三维数字岩心(Lymberopoulos and Payatakes,1992;Vogel and Roth,2001;苏娜,2011)。图 1-1 为二维薄片叠加成像法构建三维数字岩心基本流程示意图(Chawla et al.,2006)。传统上在利用电子束对样品进行抛光处理时,会出现静电作用,影响成像效果,从而对建模结果产生影响。针对这一问题,通过引入离子束抛光技术,解决了电子束抛光过程中产生静电的问题,该方法应用于二维薄片叠加成像中,使其成像分辨率大大提高,达到纳米级别(Tomutsa et al.,2007),该技术被称为 FIB-SEM。二维薄片叠加成像法最大的缺点是建模时间长,例如一个 $50\ \mu\mathrm{m} \times 50$ $\mu\mathrm{m}$ 大小的样品,需要几分钟时间才能抛光 $0.1\ \mu\mathrm{m}$ 的厚度,岩心抛光准备和图像扫描都需要花费大量的时间和精力(Chawla et al. ,2006;闫国亮,2013)。

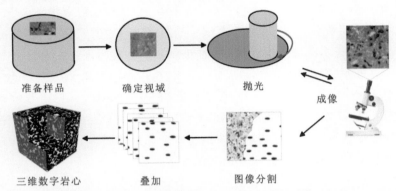

图 1-1　二维薄片叠加成像法构建三维数字岩心基本流程示意图(Chawla et al. ,2006)

2. 激光扫描共聚焦显微镜法

该方法首先使实验样品的孔隙空间充满环氧树脂,该过程通过高压设备来完成,环氧树脂在激光的激发下产生荧光作用,然后通过共焦激光显微镜探测不同位置及深度的荧光,荧光出现的位置反映了岩心样本孔隙空间分布。图 1-2 为 Fredrich 等(1995)使用激光扫描共聚焦显微镜法构建的三维数字岩心示意图。该方法扫描分辨率能达到亚微米级,并且不损坏岩心样品,但是该方法最大的缺点是仅能够扫描样品一定深度的信息,只反映一定深度的孔隙结构特征,因此该方法构建的模型被称为"伪"三维数字岩心。

图 1-2　激光扫描共聚焦显微镜法构建的三维数字岩心示意图(Fredrich et al. ,1995)

3. X 射线 CT 扫描法

20 世纪 80 年代,Elliott 和 Dover(1982)研制了世界首台 X 射线 CT 扫描仪,该设备最先应用于医学领域,由于早期该设备分辨率较低且价格昂贵,并未在其他领域广泛使用。20 世纪 90 年代，Dunsmuir 等（1991）将 CT 技术应用于石油工程领域，一定程度提高了扫描分辨率，达到岩石孔隙结构级别。随着 CT 扫描分辨率的进一步提高，Coenen 等（2004）应用该方法构建了分辨率达到微米级的三维数字岩心，推动 CT 技术在石油工程领域的应用。相比二维薄片叠加成像法，X 射线 CT 扫描法具有不损坏样品、成像效果好等优点。图 1-3 为澳大利亚国立大学数字岩心团队 2004 年应用 X 射线 CT 扫描法构建的三维数字岩心（Arns et al.，2004）。随着 CT 扫描技术的进一步发展，国内外众多学者应用该技术广泛开展了各类岩心的三维建模（Arns et al.，2005；Sakellariou et al.，2007；Peng et al.，2012；Deng et al.，2015；Lin et al.，2019；Hao et al.，2021）。应用普通台式微 CT 扫描仪，其扫描分辨率基本能够满足常规砂岩的建模需求，然而对于孔隙致密的非常规岩石，如页岩、致密砂岩、碳酸盐岩等，台式微 CT 扫描仪的分辨率已经无法满足孔隙结构准确识别的要求，这时需要应用纳米 CT 扫描仪才能构建孔隙结构更小、更复杂储层的三维数字岩心。

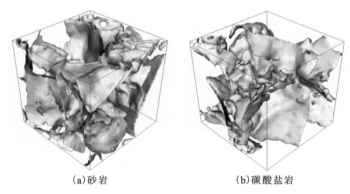

（a）砂岩　　　　　　　　　　　　（b）碳酸盐岩

图 1-3　X 射线 CT 扫描法构建三维数字岩心示意图（Arns et al.，2004）

二、数值重建法

物理实验法尽管能建立真实岩石三维数字岩心，但是面临岩心取样困难、分辨率限制、实验费用高昂、无法定量建模等诸多问题（Ramandi et al.，2017）。因此，数值重建法为重构三维数字岩心提供了经济有效的手段。高精度二维薄片图像在地质及石油领域是常用的资料之一，通过二维图像能够提取岩石的统计信息（如孔隙度、粒度分布、孔隙结构特征等），这些统计资料是利用数值方法构建三维数字岩心的基础。

1. 随机法

基于二维薄片统计信息，主要是孔隙度和两点相关函数，应用随机法基本原理，Joshi（1974）提出构建数字岩心的高斯场法。该方法对骨架和孔隙定义为不同的相函数，骨架用 0 表示，孔隙用 1 表示，通过统计信息约束，使三维空间中的相函数与真实二维图像的孔隙结构不断接近，当满足条件时，其三维空间中的高斯场分布为随机重构的数字岩心。由于当时计算机运算速度限制，Joshi 应用该方法只建立了二维模型。随后，Quiblier（1984）改进算法程序，提高了计算速度，在二维模型的基础上建立了三维数字岩心模型。Adler 等（1990）进一步优化建模算法,使建模速度有所提高,并应用该方法建立了数字岩心。通过引入傅立叶算法,该方法运算效率大大提高,有效节约了运算时间。Ioannidis 和 Chatzis(2000)在此研究的基础上,将快速傅立叶变换应用于高斯场法,与傅立叶变换相比,其运算效率和建模效果进一步改进,但孔隙空间的连通效果不理想是该方法所面临的最大问题。

Hazlett(1997)提出模拟退火法,该方法考虑更多统计信息并作为约束条件,使重建的数字岩心与二维图像性质尽可能保持一致。在约束条件下,对数字岩心模型进行多次迭代,最终使数字岩心结果保持稳定并趋于一致。相比高斯场法,该方法在建模过程中可以考虑更多的约束条件,从而使构建的数字岩心效果更好,与真实岩心更为接近。在此研究基础上,Hidajat 等(2002)将模拟退火法和高斯场法相结合,建立了三维数字岩心。该方法首先以高斯场所建立的模型为初始模型,同时引入约束条件函数,然后利用模拟退火法进行迭代,进而建立三维数字岩心。模拟退火法可以设置任意多的约束条件,导致建模速度随着约束条件的增加不断变慢(赵秀才等,2007)。

Okabe 和 Blunt(2004)借鉴地质建模方法中的多点统计学原理,建立了 Berea 砂岩三维数字岩心。Daian 等(2004)使用多点地质法重建数字岩心并计算其孔隙度和渗透率参数,模拟结果与实验测试结果相符。由于该方法重建速度慢,Wu 等(2008)提出一个改进计算方法,使建模速度提高 10 倍左右。Straubhaar 等(2013)提出一种基于改进的搜索树结构并行多点地质统计学方法,有效减少了内存占用量并提高了计算速度。Wang 等(2009)以二维图像为基础,应用该方法构建了三维数字岩心,并使用格子 Boltzmann 方法测试数字岩心的渗透率。张挺等(2010)进一步对该方法作了比较全面的分析,评价了该方法所建数字岩心的优缺点。马微(2014)对该方法三维建模的原理和过程进行了分析改进。Pang(2017)使用该方法建立页岩数字岩心,并模拟计算了渗透率参数。

Wu 等(2004)提出马尔科夫链-蒙特卡洛法以重建多孔介质模型,并将该技术应用于土壤结构的二维重建。马尔科夫链描述了一系列状态,序列中每个位置的状态值取决于先前有限个位置的状态,描述该状态的概率称为转移概率。Wu 等(2006)进一步改进该方法,将二维数字岩心重建方法扩展到三维重建。Yang 等(2015)和 Nie 等(2016)使用该方法重建页岩三维孔隙结构模型。

2. 过程法

与随机方法建模原理和思路不同,Bryant 和 Blunt(1992)提出通过模拟岩石形成过程重建数字岩心的方法。该方法以高精度二维岩石图像为基础,提取孔隙度和颗粒粒度分布等建模信息,利用计算机编程模拟实现沉积岩石在形成过程中所经历的过程(主要包括沉积过程、压实过程和成岩过程),从而建立与真实岩石孔隙空间等价的三维数字岩心。Bakke 和 Øren(1997)对基于过程的方法进行系统深入研究,不仅考虑了颗粒粒度分布,而且模拟了石英胶结物生长和自由表面黏土覆盖情况。Øren 和 Bakke(2002)用该方法重建了石英砂岩(Fon-tainebleau 砂岩)的三维数字岩石模型,如图 1-4(b)所示,模型较好地反映了真实岩石的几何和传输特性。Jin 等(2003)详细讨论了过程法数字岩心的几何结构和力学性能。Zhu 等

（2012）在沉积模拟中使用不规则颗粒重建数字岩心。与随机方法相比，过程法构建的模型孔隙空间连通性较好，模拟计算的渗透率与实验测试结果更为接近。与 X 射线 CT 扫描法构建的数字岩心相比，过程法具有经济高效的优点，可以系统地建立孔隙结构和孔隙度逐渐变化的三维数字岩心。

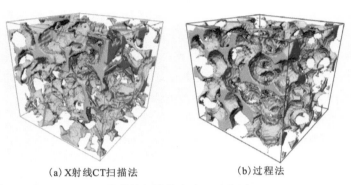

(a) X射线CT扫描法　　　　　　　　　(b)过程法

图 1-4　Fontainebleau 砂岩的三维数字岩心示意图(Øren and Bakke,2002)

3. 深度学习法

近年来，随着计算机技术、机器学习、大数据等的快速发展，深度学习法为多孔介质重构提供了非常重要的选择。人工神经网络、生成对抗网络和其他深度学习方法能够支持直接生成数字岩心图像，建立三维数字岩心。基于二维图像或小尺度三维子体积图像，应用深度学习算法重建三维数字岩心。在数字岩心图像重构领域，最成功的算法之一是生成对抗神经网络(You et al.,2021)。Mosser 等(2017)使用深度卷积方法基于 3D 子体积重建 3D 数字岩石，通过训练模型生成器将随机信息转换为 3D 数字岩石孔隙结构信息。他们对不同类型的多孔介质，如 Berea 砂岩、鲕粒灰岩进行了测试，重建结果表明该方法重建的模型在孔隙结构特征上是可靠的。此外，一些研究侧重于使用二维切片作为输入数据以建立三维数字岩心(Feng et al.,2019,2020;Valsecchi et al.,2020;Zhang et al.,2021;Yang et al.,2022)。深度学习方法是数字岩石重建和提高其他建模方法性能的有力工具，随着深度学习的快速发展，该方法成为重建三维数字岩心越来越重要的手段。

4. 混合法

单一数字岩心建模方法往往存在局限性，通过两种或多种方法混合建立数字岩心能够克服特定一种方法的不足，在建模时间和建模效果上实现较好的突破(Hidajat et al.,2002;何延龙等,2016)。因此，混合法已广泛应用于构建三维数字岩心，例如 Liu 等(2009)结合过程法和模拟退火法，以过程法所构建的模型作为模拟退火法的初始输入，然后应用模拟退火法更新初始数字岩心，以匹配二维图像的自相关函数，最终构建三维数字岩心。Yao 等(2013)提出使用模拟退火法和马尔科夫链-蒙特卡洛法重建碳酸盐岩储层三维数字岩心，使用模拟退火法构建大孔，使用马尔科夫链-蒙特卡洛法重建小孔，叠加建立多尺度数字岩心。Lin 等

(2017)采用 X 射线 CT 扫描法构建碳酸盐岩大孔形态及分布,采用模拟退火法重建小孔形态,然后叠加建立多尺度数字岩心。Sun 等(2019)结合三维 CT 图像和二维切片构建碳酸盐岩多尺度结构。目前为止,多尺度数字岩心建模研究仍处于起步阶段,面临许多亟待解决的问题。例如,分辨率低但尺度大的大孔隙结构和分辨率高但尺度小的小孔隙结构如何准确叠合,可靠性如何判断等。

第三节　岩石孔隙结构表征研究进展

石油、天然气、水合物等储层岩石是非常复杂的地质体,具有非均质、不连续、各向异性等孔隙结构特征。岩石孔隙结构指的是孔隙空间的大小、形状、分布、连通性等关系的总和。岩石微观孔隙结构是极其复杂和不规则的,孔隙结构的变化特征直接控制着岩石的物理化学性质(Sanyal et al. ,2006;Cai et al. ,2010,2018;Othman et al. ,2010;Peng et al. ,2011;Tan et al. ,2021;Qiao et al. ,2022;Zhang et al. ,2022),例如强度、电性、渗透性、弹性、波速度、扩散性和颗粒表面吸附性等,这些性质影响着储层的勘探开发。岩石等多孔介质孔隙结构的全面和准确表征,对于科学研究和工程应用都具有重要的意义(Chen and Song,2002;de Boer,2003;Bansal et al. ,2010;Dou et al. ,2021;Wood,2021;Zheng et al. ,2022)。以石油工程为例,储层岩石孔隙结构的表征为地球物理勘探和油气开采提供必要的地质信息。

目前,在多孔介质孔隙结构表征方面,研究人员提出并发展了多种方法和理论,其中表征参数就超过 30 多种(Tsakiroglou and Payatakes,2000;姚军等,2007;王合明,2013)。在表征孔隙结构研究方面,目前总结概括有室内实验法和构建模型法。

室内实验法指的是应用实验设备对岩石的孔隙结构进行扫描、测试、统计和分析,以表征岩石微观孔隙结构特征,具体方法又可以分为铸体薄片法、电镜扫描法、核磁共振成像法、CT 扫描成像法和毛管压力法等(胡志明,2006;朱如凯等,2016;曹廷宽等,2017;Wu et al. ,2019)。储层孔隙尺寸分布在几纳米到几百微米之间,不同表征技术适用于不同测量范围,储层微观孔隙结构表征技术的有效范围如图 1-5 所示。室内实验法具有研究对象明确、实验结果准确、表征结果直观等优点。缺点是实验费时费力,并且不可重复,表征结果是整个岩心的综合体现。

构建模型法指的是通过数学原理建立反映孔隙结构特征的表征方法。由于岩石孔隙结构极其复杂和极不规则,传统的实验统计方法和欧式几何理论已经无法有效对孔隙结构进行表征。因此,基于孔隙结构模型和分形理论模型表征孔隙结构特征是有效的方法。

孔隙结构模型法假设岩石孔隙空间为某种形状并且按照一定规则进行传导连接,这些形状通常包括球状、柱状、板状、多面体状等,通过数学方法将其构建为统一整体。孔隙结构模型具体又可以分为夹珠模型、毛管束模型、毛管网络模型和孔隙网络模型等,每种模型都具有特定的应用背景和优缺点。孔隙网络模型作为最近兴起的一种孔隙结构模型,由于具有与真实岩心更接近的孔隙结构特征,在多孔介质微观结构表征中被广泛应用(朱洪林,2014)。基于数字岩心建立孔隙网络模型是量化分析孔隙结构特征的有效方法之一。Zhao 等(1994)采用多向扫描技术对数字岩心孔隙空间进行多方向切片扫描建立孔隙网络模型。Shin 等

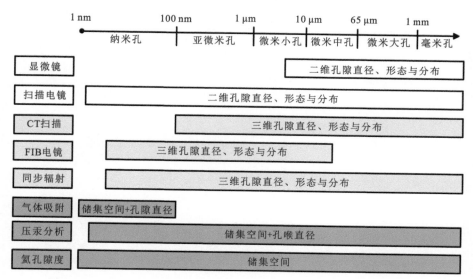

图 1-5　储层微观孔隙结构实验测量表征技术及有效范围(朱如凯等,2016)

(2005)采用居中轴线法分析数字岩心孔隙空间结构特征。Dong(2007)改进的最大球算法能更准确和快速地建立与数字岩心拓扑性质等价的孔隙网络模型。

分形理论模型法是以分形理论为基础用以表征孔隙结构的有效方法,在最近几十年引起广泛研究(蔡建超和胡祥云,2015)。通过高压压汞、气体吸附、核磁共振和盒计数等方法计算储层岩心的分形维数,拓展了孔隙结构的表征手段,丰富了微观研究的内容(张闯辉等,2016)。自从 Mandelbrot(1975)提出分形理论以来,分形几何在多孔介质微观结构表征上得到迅速发展。Katz 和 Thompson(1985)证明储层砂岩孔隙空间具有分形特征。Hansen 和 Skjeltorp(1988)建立一个分形模型来描述构造过程中产生的裂缝和断层的数量及大小分布。张立强等(1998)探究砂岩孔隙结构的分形几何特征,建立了储层相与分形维数关系的评价标准。李云省等(2002)研究了非均质储层孔隙结构的分形特征。Roy 等(2007)和 Wu 等(2016)采用盒计数法计算了岩石裂缝的分形维数。Anovitz 等(2013)和 Li 等(2017)研究了多孔介质中孔喉结构的分形特性。刘航宇等(2017)、Liu 和 Ostadhassan(2017)在不同尺度上评价了碳酸盐岩和页岩等非常规储层孔隙结构的分形特征。此外,研究人员利用分形参数探讨了微观结构与渗透率之间的关系(赵文光等,2006;Tan et al.,2015;Zhang et al.,2020),利用多个分形参数同时表征孔隙结构的复杂性(Zhang and Weller,2014;Xia et al.,2019)。Tao 和 Zhang(2009)、Zhang 等(2010)研究了孔隙体积分数、颗粒体积分数、孔隙或颗粒尺寸分布的分形维数。王合明(2013)和张天付等(2016)利用盒计数法研究了不同数字岩心的分形维数。Cai 等(2018)表征了致密页岩储层裂缝-孔隙型双重孔隙网络的孔隙结构特征。Dathe 和 Thullner(2005)、Yu 等(2009)探讨了骨架分形维数与孔隙分形维数之间的关系。Li 等(2019)计算并分析了基于二维过程法模型的固体、孔隙和边界的分形维数。Luo 等(2020)研究了过程法三维数字岩心的孔隙结构参数与分形维数的变化关系。Li 等(2022)提出利用盒计数分形维数的相对值来评估数字岩石孔隙结构复杂性的方法。总体而言,利用多方法多参数综合量化分析数字岩心微观结构特征变得越来越重要。

第二章　物理实验法构建三维数字岩心

通过高精度实验设备对岩心样品进行扫描成像、图像处理，进而构建三维数字岩心。本章主要介绍几种物理实验建模方法，包括激光扫描共聚焦显微镜法、聚焦离子束扫描电镜法和 X 射线 CT 扫描法。

第一节　激光扫描共聚焦显微镜法

1957 年，Minsky Marvin 在专利资料中首次阐述激光扫描共聚焦显微镜（Laser Scanning Confocal Microscopy，LSCM），描述了该方法的基本原理和工作步骤（Minsky，1988）。但是由于受当时光源强度的限制，LSCM 成像效果不理想，没有引起广泛关注。在此研究的基础上，Wilson（1989）进一步研究激光扫描共聚焦方法的几何学理论，阐述了光源与研究物体原子之间的非线性关系。在仪器设备方面，Brakenhoff 等（1989）研制出具有大数值孔径的透镜系统，并将其用于聚焦显微镜，进一步改善成像效果。20 世纪 80 年代后期，激光扫描共聚焦显微镜技术逐渐兴起，成为研究材料微观性质的高精度扫描设备之一，并广泛应用于细胞学、材料学、地质学、石油工程等学科领域（苏奥等，2016）。在石油地质研究领域中，例如在岩石孔隙结构重建（孙先达等，2005，2014；关振良等，2009）、化石微观构造（杨伟平等，1996；卓二军等，2006；王金星和李家英，2007）、烃源岩有机质（刘德汉等，1991）、油包裹体（Aplin et al.，1999；王剑等，2020）、剩余油分布（徐清华，2019）等研究方向，该方法已成为广泛应用的技术手段（鲁锋等，2023）。

激光扫描共聚焦显微镜是集高速激光扫描技术、共聚显微技术和图像采集处理技术为一体，通过计算机整合控制完成材料高精度数字成像的系统。该系统以激光为发射光源，在传统光学显微设备的基础上，增加了高速激光扫描和共轭聚焦设备，实现了高精度扫描成像。与传统光学显微镜技术相比，激光扫描共聚焦显微镜技术具有成像精度高、成像清晰、可反映一定深度三维结构、制样要求低等优点（苏奥和陈红汉，2015）。另外，对于孔喉小于 2 μm 或渗透率小于 0.1×10^{-3} μm^2 的样品，由于环氧树脂难以有效注入这部分微小孔隙空间（孙先达等，2005；朱如凯等，2013），因此无法对其进行成像，一定程度限制了岩石的高精度成像，并且该方法只能对样品进行一定深度的成像，因此所建立的数字岩心被称为"伪"三维数字岩心。

一、LSCM 基本原理

1. 激光共聚焦原理

激光扫描共聚焦显微镜设备主要由五大部分组成,包括发射激光源、偏光显微镜、探测器、数据采集传输系统和图像处理系统(苏奥等,2016)。相比于传统光学显微镜,该方法在此基础上加装了激光扫描装置,发射激光通过针孔后形成点光源,在聚焦平面上逐点进行扫描,被采集的光信号通过探针孔被探测器接收,然后对信号进行处理输出二维图像。激光共聚焦对于高精度成像至关重要,其原理解释为激光光源通过针孔入射到样本的每一个点上,从而避免非照射区域其他光源的干扰。此外,焦平面的位置相对于入射光源和探测针是共轭的。因此,焦平面以外的光源被阻止在探测针孔两侧,只有焦平面上的光源信号能够通过针孔被探测器接收(孙先达等,2014;路姣等,2023)。激光扫描共聚焦显微镜的主要仪器设备及工作原理如图 2-1 所示。

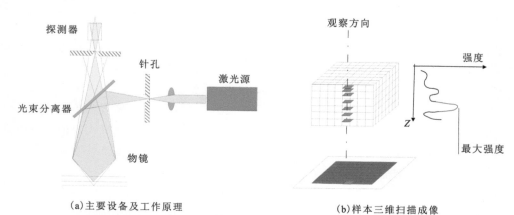

(a)主要设备及工作原理　　　　　　　　(b)样本三维扫描成像

图 2-1　激光扫描共聚焦显微镜的主要仪器设备、工作原理及样本三维扫描成像示意图

2. 样品三维重建原理

激光扫描共聚焦显微镜对样品进行点光源扫描成像,需要进行逐点、逐线扫描才能实现样本的三维重建。激光光源通过针孔入射到与显微镜光轴垂直的焦平面(称为 XY 平面)上,对样品进行逐点、逐线扫描探测成像,通过计算机传输和处理信号获得二维图像。该二维图像反映一定调焦厚度范围的样本二维信息,也被称为平面切片图像。调节设备参数,对样本不同深度进行重复扫描成像,获得显微镜光轴(Z 轴)上反映样本不同深度信息的一系列切片图像,从而实现扫描区域内样本的三维重建[图 2-1(b)]。

3. 激光扫描共聚焦显微镜与传统光学显微镜的差别

激光扫描共聚焦显微镜与传统光学显微镜在成像原理上存在明显差别(李楠,1997;苏奥等,2016)。传统光学显微镜通常是利用可见光对研究样品进行一次性二维成像,然而激光扫描共聚焦显微成像将观测视域范围划分为三维空间中大量的点,通过极细小的激光束对这些点进行逐点成像,再应用计算机对探测信号进行处理,输出三维图像,从而建立研究样本的三维数字岩心。该设备相比于传统光学仪器具有高精度特征,这主要是因为应用了激光光源和共轭聚焦显微技术,将其总结为:①入射光源为激光,具有相同的波长,光色纯,波束集中。普通可见光在成像时会发生光的散射和衍射作用从而产生干扰(孙先达等,2014),而激光能够有效避免这些干扰。②普通光学显微镜的透镜无法将光线在光轴上共轭对焦汇聚,光束透过研究样品形成一个光斑而不是一个点,造成成像不清晰,然而激光扫描共聚焦显微镜应用共轭聚焦技术汇聚光束,使扫描成像更加清晰。

二、LSCM 应用实例

孙先达等(2005)利用激光扫描共聚焦显微镜研究了碎屑岩储气层微观孔隙结构和微裂缝特征,合理解释了产气量与孔隙结构的关系。他们首先利用普通铸体薄片观察该储气层的孔隙结构[图 2-2(a)],观察到部分井储层孔隙和裂缝发育较差,微小孔隙空间连通性差,裂缝之间无法有效贯通。然而,该储层具有很好的产气量,因此储层孔隙结构特征与产气量之间无法合理解释。为此,孙先达等(2005)进一步利用激光扫描共聚焦显微镜,对同一个样品开展了共聚焦扫描[图 2-2(b)]和三维重建[图 2-2(c)]。通过对比分析发现,普通铸体薄片孔隙结构无法清晰分辨,聚焦显微镜图像中微小孔隙及连通关系清晰可见,三维重建更是清晰显示了孔隙之间的三维连通关系。通过应用激光扫描共聚焦显微镜技术分析了该类储层的孔隙结构特征,合理解释了储层的产气量。

 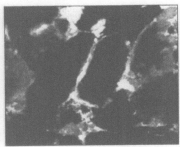 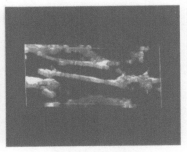

(a)普通铸体薄片　　　　　　(b)LSCM二维图像　　　　　　(c)LSCM三维重建

图 2-2　储层样品普通铸体薄片成像和激光扫描共聚焦成像对比(孙先达等,2005)

Fredrich 等(1995)使用激光扫描共聚焦显微镜建立颗粒尺寸平均半径为 250 μm 石英砂岩的三维数字岩心,如图 2-3 所示,孔隙空间表示为不透明的彩色,固相基质表示为透明。作为该技术在运输性质分析中的应用,他们对纯石英砂岩进行激光扫描共聚焦显微镜成像,探究了孔隙结构的变化规律,指出孔隙度和孔隙结构因成岩作用期间胶结程度不同而产生明显变化。图 2-3 表示不同胶结程度的岩石。他们基于三维数字图像进一步探究了孔隙大小、连通性与渗透率之间的关系。

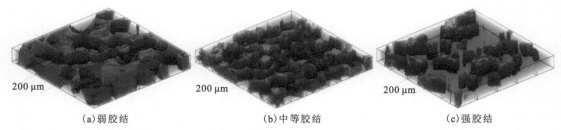

(a)弱胶结　　　　　　　(b)中等胶结　　　　　　　(c)强胶结

图 2-3　激光扫描共聚焦显微镜法构建不同孔隙类型石英砂岩的三维数字岩心(Fredrich et al.,1995)

三、LSCM 优缺点

对于常规储层,应用传统光学仪器观察铸体薄片已满足对样本孔喉特征的分析。然而,随着油气勘探开发向非常规储层发展,例如致密砂岩、页岩等,这些储层孔隙极微小,甚至达到纳米级,储层孔隙结构研究面临巨大挑战,传统光学显微镜由于分辨率等限制无法有效研究孔隙结构。因此,激光扫描共聚焦显微镜技术成为研究纳米级孔隙储层的有效手段之一。该方法扫描图像分辨率高,成像目标清晰,能够对样本进行 0.1 μm 的激光切片,垂向穿透深度达到 100 μm(苏奥等,2016)。相比于传统通过岩心观察统计岩石孔隙参数,该方法计算结果更加直观和准确。另外,尽管激光扫描共聚焦显微镜法能够实现岩石孔隙的亚微米级成像,但是该方法不能分辨不连通孔隙,并且最大的缺点是仅能够扫描一定深度的信息,只反映一定深度的孔隙结构特征。因此,该方法建立的三维数字岩心也称为"伪"三维数字岩心。

第二节　聚焦离子束扫描电镜法

聚焦离子束扫描电镜法(Focused Ion Beam-Scanning Electron Microscope,FIB-SEM)将聚焦离子束与扫描电子显微镜相结合组成双束系统。该设备具有高精度纳米级材料加工和扫描成像能力,是材料超精细加工和表征研究的有力工具(钟超荣,2021)。聚焦离子束扫描电镜法同时具有高强度聚焦离子束加工能力和高分辨显微成像功能,成为非常规储层超精细研究的重要手段,推动非常规油气储层勘探开发的深度发展,促进石油地质学更微观的纳米级孔隙表征研究。FIB-SEM 技术通过对研究样本的二维大尺度成像和三维高分辨率重建,有效解决非常规储层非均质性孔隙结构分析难题(郭景震,2021),基于高精度成像开展非均质储层孔隙空间、微裂缝、矿物、有机质等的精细表征和综合分析,实现岩石样品的纳米级数字岩心构建。

一、FIB-SEM 基本原理

FIB-SEM 是一个多技术融合的复杂系统,融合了电子束、离子束、发射探测、精密测量、计算机控制和图像处理等技术。总的来说,FIB-SEM 实验设备主要由聚焦离子束系统和电子束成像系统两大部分组成,主要设备组成及位置关系与扫描电镜成像原理如图 2-4 所示。发射电子束系统保持垂直,样品 52°倾斜安装,离子束与样品表面垂直,如图 2-4(a)所示。在成像实验过程中,应用高速离子束(通常为镓离子)对样品表面进行垂直轰击,使离子和表面的原子核发生碰撞,将部分能量传递给原子,使原子完全脱离岩样表面,溅射出二次离子;同时入射离子与原子核外电子碰撞,使其脱离原子核的束缚,离开岩样表面,成为二次电子。此过程激发产生的二次离子和二次电子会被相应的检测器检测并记录(赵建鹏和姜黎明,2018;郑何,2022)。成像原理如图2-4(b)所示。不断重复此过程获得一系列二维切片图像,通过计算机软件对图像进行后续处理可获得样品的高精度三维数字图像,即建立三维数字岩心。

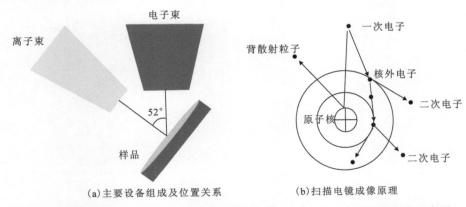

(a)主要设备组成及位置关系　　　　(b)扫描电镜成像原理

图2-4　聚焦离子束扫描电镜主要设备组成及位置关系与扫描电镜成像原理示意图

二、FIB-SEM 建模流程

FIB-SEM 法对样本进行扫描成像的基本过程(马勇等,2014,2015;方辉煌,2020)概括为:①制备样品,选取合适的岩石样本,切割成合适的尺寸用于扫描成像;②将准备好的样品放入仪器室内,进行抽真空处理;③抽真空达到实验测试要求后,打开电子束成像设备,观察岩样表面,选定感兴趣的研究区域;④旋转样品台,使其与水平面成52°,并对感兴趣的标记位置喷涂铂金,防止这部分岩样被离子束破坏;⑤调节设备参数,选用大能量离子束粗略切割感兴趣区域的周围区域,选用低能量离子束对感兴趣位置再进行精细切割,获得一个平整的切割面;⑥调整电子束和离子束参数,对感兴趣位置进行连续抛光和扫描成像,得到一系列不同深度的二维切片;⑦对二维初始图像进行一系列处理,叠加二维图像建立三维数字岩心。样本的处理及扫描原理如图2-5所示。

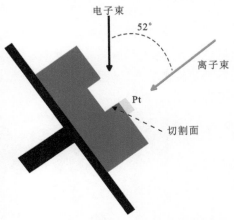

图2-5　基于 FIB-SEM 法的样本处理
及扫描原理示意图

三、FIB-SEM 应用实例

对于许多致密岩石,如碳酸盐岩、页岩,需要亚微米级甚至纳米级分辨率才能有效识别其

3D 孔隙结构,FIB-SEM 法为这类岩石的纳米级孔隙识别提供有效手段。Tomutsa 等(2007)利用聚焦离子束扫描电镜技术,发展一种基于连续切片的三维成像方法,应用 FIB 技术通过加速镓离子(Ga⁺)从样品表面溅射原子来铣削薄至 10 nm 的切片层。在每次抛光步骤之后,随着新的表面暴露,该表面的 2D 图像被扫描获得,通过堆叠 2D 图像以重建 3D 孔隙结构。图 2-6 显示了应用该方法建立的硅藻土及白垩纪碳酸盐岩三维孔隙结构图像。

(a)硅藻土 (b)白垩纪碳酸盐岩

图 2-6   基于 FIB-SEM 法构建的岩石孔隙空间三维图像(Tomutsa et al.,2007)

聚焦离子束扫描电镜法具有高能量离子束加工和高精度电子束扫描成像特征,成为非常规致密储层微观孔隙及矿物组分研究的有力工具。王晓琦等(2019)利用该方法开展了页岩样品三维切片—成像—重构研究,详细阐述了该方法的实验和建模过程。首先,选取合适的研究样品,对样品表面进行抛光处理,选取感兴趣研究区域,并对其喷涂保护层以防止离子束破坏,利用高能量离子束对感兴趣区域的周围进行处理并切出 3 个凹陷坑,得到感兴趣研究区域。然后,仪器自动实现离子束抛光和电子扫描成像,通过对感兴趣区域不断执行切割—成像过程,获得一系列二维切片图像。最后,利用图像处理软件对这些图像进行分割处理,获得不同矿物组分二维图像[图 2-7(a)],将一系列图像准确配准组合,构建页岩样品的三维数字岩心[图 2-7(b)]。

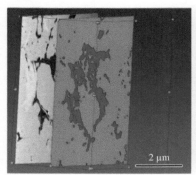

(a)不同矿物组分分割 (b)页岩样品三维数字岩心

图 2-7   基于 FIB-SEM 法的页岩样品切片成像-三维重构模型(王晓琦等,2019)

页岩储层广泛发育纳米级孔隙,这些孔隙成为页岩气储集的重要空间。马勇等(2014)利用 FIB-SEM 法对页岩样品进行连续切片—扫描—成像,重建了页岩样品的纳米尺度三维图像(图 2-8)。基于不同灰度值分割不同矿物组分,实现孔隙、有机质、基质矿物、黄铁矿等的分割。三维灰度图像分割再现了各类组分的空间分布,如图 2-8(b)～(d)所示。利用聚焦离子束扫描电镜法对页岩进行纳米级三维构建,为页岩储层微观结构的量化表征提供了基础支撑。

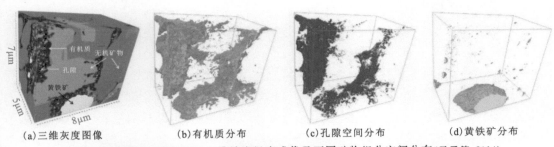

(a)三维灰度图像　　　　(b)有机质分布　　　　(c)孔隙空间分布　　　　(d)黄铁矿分布

图 2-8　页岩样品 FIB-SEM 三维纳米尺度成像及不同矿物组分空间分布(马勇等,2014)

四、FIB-SEM 优缺点

场发射扫描电镜能够对岩石样本进行高精度成像(Loucks et al.,2012),但是该方法仅限于微观结构的二维研究,无法开展孔隙空间的三维研究。微纳米 X 射线 CT 扫描能够实现岩石样本的三维重构,但由于分辨率限制(最高分辨率为 30 nm),对于页岩等极致密材料达不到有效分析微观孔隙性质的目的(马勇等,2014)。FIB-SEM 法集高精度离子束加工和电子束成像为一体,是一种纳米级孔隙结构研究的有效方法。该方法通过高精度切割—成像—重构过程实现研究对象的三维成像,因此成为页岩等致密岩石微观结构研究的有效手段。

FIB-SEM 法理论上具有很高的分辨率(理论上可达到 3 nm),但是在实际实验过程和图像处理中,分辨率会受到一定影响,使实际分辨率低于理论分辨率(王羽等,2018)。此外,具有更高的分辨率意味着感兴趣区域的范围就会越小,这对代表性体积选取存在挑战,与需要更大尺度才能有效分析代表性样本的孔隙度和连通性等性质存在矛盾。因此,FIB-SEM 法通常需要结合其他手段(例如微纳米 CT)进行多尺度研究,这反过来又增加了工作量。FIB-SEM 法需要对样品表面进行重复切割—成像,该过程花费大量时间,例如对于切割面大小为 50 μm×50 μm 的样品,聚焦离子束切割一层需要几分钟时间,1h 仅可以扫描 5～20 张二维图像,因此该方法耗时且建模速度较慢(闫国亮,2013)。

第三节　X 射线 CT 扫描法

随着 X 射线 CT 技术的发展,在 20 世纪 70 年代,该技术逐渐应用于石油工程领域,并表现出较大潜力和优势,主要用于油气储层特征分析、采油机理分析和多相流驱替机理分析等。该技术全称为 X 射线计算机层析成像(X-ray Computed Tomography,X-CT),由于该技术在国内起步较晚、资金紧缺等,早期许多石油领域的研究单位还未购置工业 CT 设备,主要利用医学 CT 开展相关研究,虽然技术落后于当时发展水平,但是仍然取得了较大发展和进步(周勃然等,1995;孙卫等,2006;宋广寿等,2009;孙华峰,2017)。随着 X 射线 CT 技术的不断创新,该技术在扫描速度、成像精度和自动化水平等方面的快速发展,增强了其在石油工业特别是储层岩石微观结构分析领域的应用范围(Bazaikin et al.,2017)。目前,该技术在岩石矿物、储层岩相、储层物性、储层油气特性、储层孔隙结构、岩心驱替等众多方向开展了广泛研究,特别是在数字岩心建模方面表现出巨大潜力。

一、X-CT 基本原理

X-CT 扫描法利用 X 射线对非透明物质进行穿透性扫描,进而建立与物质密度相关的特征信息,通过对实验岩心进行扫描成像即可建立三维数字岩心。根据扫描精度和实验设备的不同,X 射线 CT 扫描仪可以分为两类:一类是常用的桌面微 CT 扫描仪;一类是高精度大型同步加速 CT 扫描仪。两种设备的精度、体积、价格等虽然存在一定差异,但是扫描成像的基本原理相同,主要由单色 X 射线源、样品载物台、信号探测器和计算机等设备组成。图 2-9 为 CT 扫描法建模原理示意图。建模原理和过程可以简单概括为,X 射线源发射出单色 X 射线,X 射线照射到载物台上的实验样品,并与样品产生物理作用,探测器检测经过作用后的射线信号,将其转化为电信号传输给计算机,计算机对其进行处理,最后建立三维数字岩心。

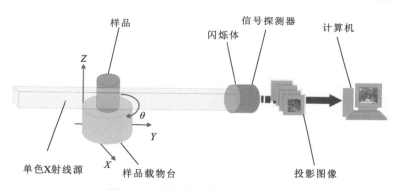

图 2-9　CT 扫描法建模原理示意图

X 射线发射管作为信号发射源,向外发射单色 X 光,X 射线与样品发生一系列物理作用,包括光电效应、康普顿效应和电子对效应。样品的物理性质,如结构组成、密度和孔隙流体等对穿透后能量具有影响,因此基于穿透后能量信息能够反推出岩石样品的物理性质。X 射线穿过样品后的能量强度利用式(2-1)描述。

$$I=I_0\times e^{-\mu L} \tag{2-1}$$

式中:I_0 和 I 分别为 X 射线穿透样品前、后的能量;μ 为样品对 X 射线吸收衰减参数;L 为样品在 X 射线路径上的长度。

通常,岩石等材料介质并不是由单一物质所组成,例如岩石通常由多种矿物、流体和孔隙空间组成,因此 X 射线将穿过多种物质,公式(2-1)改写为

$$I = I_0 \times e^{-\sum_i \mu_i L_i} \tag{2-2}$$

式中：μ_i 为样品中第 i 种矿物对 X 射线吸收衰减参数；L_i 为样品中第 i 种矿物在 X 射线路径上的长度。

在利用 X 射线 CT 扫描法开展实验时，需要对实验样品进行全方位扫描，才能获得建立三维数字岩心的准确数据。首先调整实验设备，在 X 射线路径上，使实验岩心和能量接收器与其保持同一直线，射线经过岩心产生相关作用，通过接收器检测穿透后的能量，将一次探测得到的数据传输给计算机；然后重复该过程，即可获得不同角度和位置的岩石切片信息；最后将一系列二维切片处理并组合为三维数字图像，即为三维数字岩心。

二、X-CT 建模过程

X 射线 CT 扫描法的建模过程可以总结概括为 CT 扫描实验和数字图像处理两大部分。

1. CT 扫描实验

正式进行 CT 扫描实验前，需要对岩心样品的大小规格进行机械加工和处理，根据岩心扫描分辨率的不同，制备的岩心样本大小规格需要调整，通常扫描分辨率越高，意味着反映的孔隙结构越精确，但是所对应的岩心实际规格也越小。样品制作等前期准备工作完成后，即可开始 CT 扫描实验。CT 扫描实验是一个复杂有序的过程，可以总结为 4 个基本步骤：调整载物台样品位置；打开 X 射线源；探测和接收经过吸收衰减后的 X 射线强度；转化、传递和保存该位置扫描的二维图像信息。经过一次扫描，只是获得了测试样品的一个二维切片信息，精确地转动载物台，使样本以一个很小的角度进行旋转，重复前面的扫描实验，直到完成 360°旋转和扫描，从而得到整个样品的三维信息。

2. 数字图像处理

原始采集得到的二维图像需要进行一系列处理和分析才能得到反映岩石特征的数字图像。在图像处理中，图像滤波和二值化是两个重要的过程。原始二维灰度图像具有系统噪声，这些噪声信号不利于成像，需要利用滤波方法去除这些不利信号。每种滤波方法都有其各自特点和使用标准，中值滤波方法是目前常用且有效的方法之一。中值滤波方法可以简述为，首先构建一个滑动窗口，窗口内的像素数量为奇数，对窗口内所有像素灰度值进行大小排序，然后选取这列数据的中值作为窗口中心点的灰度值，应用该窗口对整个二维图像进行滑动处理。例如滑动窗口大小设置为 5 个像素，窗口在图像中某位置时，像素的灰度值分别为 80、90、100、110 和 200，这组数的中值为 100，因此该窗口中心的灰度值为 100。假如滤波前该窗口中心的灰度值为 200，并且该值是由系统噪声引起的，则经过中值滤波处理后该值已经变为 100，消除了系统噪声引起的错误。整个计算可以表示为

$$y_i = \text{Med}\{f_{i-v}, \cdots, f_i, \cdots, f_{i+v}\}, v = \frac{m-1}{2} \tag{2-3}$$

式中：Med 为中值滤波算法；y_i 为滤波后窗口中心灰度值；f_i 为按大小排序后第 i 个像素点的

灰度值;m 为滑动窗口内的像素数量。

　　由于系统噪声的影响,某些像素点与周围像素点的灰度值存在巨大差异,通过中值滤波,能够改变孤立像素的灰度值,使其与周围像素灰度值保持合理的渐进变化,从而消除不符合实际的像素灰度值。另外,进行中值滤波作用,二维灰度图像中固体和孔隙的边界部分能够适度圆滑和渐进变化(屈乐,2014)。

　　经过滤波处理后的二维图像,仍然是灰度图像,需要将灰度图像进一步分割为二值图像,才能构建反映骨架和孔隙信息的图像。灰度图像中灰度值的大小与物质的密度相关,通常密度越大,灰度值也越大,该值反映了物质对 X 射线吸收衰减的程度。二值化处理本质上是对骨架和孔隙空间进行划分,该过程在数字岩心建模过程中具有重要作用,关系到骨架和孔隙表征的准确性。经过二值化处理,图像只有两部分,即骨架部分和孔隙部分,通常分别用 1 和 0 表示,图 2-10 为图像二值化处理前后对比示意图。

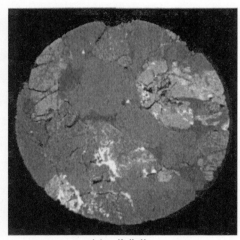 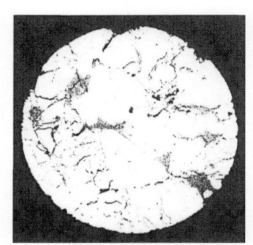

(a)二值化前　　　　　　　　　　　　　　　　　(b)二值化后

图 2-10　图像二值化处理前后对比(屈乐,2014)

　　对灰度图像进行二值化处理的各种方法中,阈值法是一种简单常用的方法,具有原理简单、计算快、效果较好等优点,已在数字岩心建模领域广泛使用。另外,在应用该方法时,选取合适的阈值是后续建立三维数字岩心的关键,影响着骨架和孔隙空间的准确区分,阈值分割法表示为

$$g(x,y)=\begin{cases}1 & f(x,y)>T \\ 0 & f(x,y)\leqslant T\end{cases} \tag{2-4}$$

式中:$g(x,y)$ 为二值化后像素点(x,y)处的值,取值为 1 或 0;$f(x,y)$ 为二值化前的灰度值;T 为二值化所选取的阈值。

三、三维数字岩心样本

　　为了研究岩石的孔隙结构特征,从开源数据集中选取 9 个具有代表性的 X 射线 CT 扫描法三维数字岩心(Blunt et al.,2013)。岩心样品的三维数字图像如图 2-11 所示,其中黑色代表岩石骨架,白色代表孔隙空间。表 2-1 列出了 9 个 CT 岩心的各项参数,包括岩心编号、岩性、样品大小、像素大小、分辨率、数字岩心孔隙度、实验孔隙度、实验渗透率。从表 2-1 可以看出,数字岩心计算的孔隙度与岩心样品实际测量结果基本吻合。

选取的 9 种 CT 数字岩心具有典型代表性,Berea 砂岩的组成矿物为碎屑石英,其他矿物含量极少,不含泥质,结构均质性好,孔隙结构相对简单均匀,为粒间孔。岩心 C 为典型的碳酸盐岩,具有均质性差、骨架间含有大量孤立孔隙、孔隙连通性差、渗透性较差等特征。人造岩心 SP 均质性较好,孔隙度很大,没有经过岩石形成过程中的压实和成岩作用,孔隙空间较大、连通性好,因此渗透率很大,为典型的人造填砂模型。S1 至 S6 为沉积砂岩,均质性较好,孔隙度变化范围为 14.1%～24.6%,渗透率变化达到两个数量级以上,说明它们之间的孔隙结构差异较大。岩心 S1、S2 和 S3 的大小在 2.7 mm×2.7mm×2.7mm 左右,岩心 S4、S5 和 S6 的大小在 1.4 mm×1.4mm×1.4mm 左右,岩心大小不完全一样,经过代表性体积元分析(REV),所有岩心都满足均质性和孔隙度条件,能够代表实际岩心。观察图 2-11,相比于 S1,S2 和 S3 骨架颗粒较小,孔隙空间较小;相比于 S6,S4 和 S5 骨架颗粒较大,孔隙空间较大。

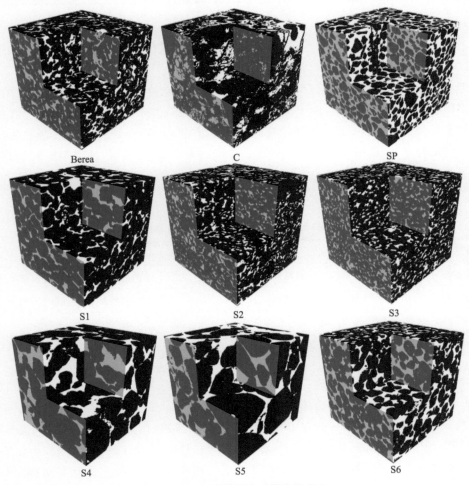

图 2-11　X 射线 CT 三维数字岩心

表 2-1　X射线CT数字岩心物理参数

岩心编号	岩性	样品大小/mm×mm×mm	像素大小	分辨率/μm	数字岩心孔隙度/%	实验孔隙度/%	实验渗透率/×$10^{-3}\mu m^2$
Berea	砂岩	2.138×2.138×2.138	400×400×400	5.345	19.645 3	19.6	1286
C	碳酸盐岩	2.138×2.138×2.138	400×400×400	5.345	16.830 8	16.8	72
SP	人造岩心	3.000 6×3.000 6×3.000 6	300×300×300	10.002	37.713 6	37.7	35 300
S1	砂岩	2.604×2.604×2.604	300×300×300	8.680	14.130 3	14.1	1678
S2	砂岩	2.730×2.730×2.730	300×300×300	9.100	16.857 0	16.9	224
S3	砂岩	2.688×2.688×2.688	300×300×300	8.960	17.125 7	17.1	259
S4	砂岩	1.200×1.200×1.200	300×300×300	4.000	21.130 9	21.1	4651
S5	砂岩	1.530×1.530×1.530	300×300×300	5.100	23.959 3	24.0	10 974
S6	砂岩	1.488×1.488×1.488	300×300×300	4.960	24.627 7	24.6	3898

第四节　物理实验法对比

物理实验法利用高精度成像设备直接扫描样本进而建立数字岩心。通过不同的设备仪器获得不同尺度的数字化模型,由于每种方法的扫描设备、基本原理和建模过程存在差异,每种方法都有各自的特点,前面几节详细描述了几种方法,包括每种方法的仪器设备、基本原理、建模流程、样本尺度、分辨率、适用性、优缺点等。表2-2列出了几种物理实验构建数字岩心的方法及优缺点对比,通过这些方法的对比,为选取合适的方法进行具体研究提供一个总体认识。

表 2-2　几种常用三维数字岩心物理实验建模方法对比

物理方法	优点	缺点
扫描电镜	制作简单,分辨率高	二维图像,孔隙结构信息有限
二维叠加成像	分辨率高,设备简单	切割抛光破坏岩心,费时费力
FIB-SEM	分辨率高,可连续切割,成像清晰	扫描过程复杂
聚焦成像	分辨率较高	只能对岩心薄片成像,数字岩心厚度有限
CT成像	直接、准确,真三维数字岩心	设备昂贵,实验成本高,过程耗时

相比于数值模拟法,物理实验法由于实验需要高精度设备,因此建模成本较高,建模过程复杂,建模结果不具有可变性。扫描电镜只能获得二维图像,无法获得三维图像,因此孔隙结构信息有限。但是该方法制样简单、分辨率高,因此在地质岩样二维成像中应用较多。二维薄片叠加成像法通过不断抛光-扫描,可实现岩石的三维成像,获得三维孔隙结构,但是该方法制样复杂、过程耗时,传统上电子束抛光影响成像效果。在此基础上,应用聚焦离子束代替

电子束,即聚焦离子束扫描电镜(FIB-SEM),该方法属于二维薄片叠加成像法中的一种,由于应用聚焦离子束切割图像,提高了成像分辨率,应用效果较好。但是该方法仍然存在过程耗时、损坏岩石结构等缺点。激光扫描共聚焦以环氧树脂充满孔隙空间进而探测识别孔隙,分辨率较高,然而成像只能是薄片,厚度有限,不是完全意义上的三维结构。CT扫描法具有分辨率较高、样品无损、可获得真三维孔隙结构等优点,但是也存在设备昂贵、扫描过程耗时等不足。

CT扫描法基于不同扫描设备(主要体现扫描分辨率不同)突出研究岩石不同尺度的孔隙结构,实现多尺度孔隙结构研究。根据扫描设备分辨率差异,CT扫描法通常分为医学、微米、纳米等几类成像方法(聂昕,2014)。这几类CT成像方法的基本原理是相同的,都是基于不同密度组分物质的波能量衰减系数不同,几类CT方法的差别主要是能够扫描的样本尺度和分辨率有所不同。CT成像存在样本大小和扫描分辨率具有反比例关系,即样本成像尺度越大,分辨率越低,反之亦然。医学CT扫描分辨率低,分辨率为亚毫米级,因此样本尺度大,可扫描长度达到米级别的全尺寸岩心,主要目的是整体分析岩心孔隙分布规律,分析密度分布,确定更小尺度岩心选取区域等。微米CT分辨率在微米级,样本尺寸为毫米级,用于普通岩心孔隙结构扫描成像,精细分析孔隙分布,分析孔喉之间关系,建立孔隙空间三维图像等。纳米CT成像分辨率高,分辨率达到10 nm,但是扫描尺寸只有几十微米,因此通常用于致密岩石三维成像,研究极小的孔隙结构,可识别出纳米孔喉。由于纳米CT设备精度高,因此价格昂贵,难以广泛应用。表2-3列出了几种CT扫描方法和FIB-SEM方法分辨率、样本尺度和主要应用对比。

表2-3 CT及FIB-SEM方法扫描样本尺度、分辨率和主要应用对比(聂昕,2014)

设备	样本尺度	分辨率	主要应用
医学CT	全尺寸岩心扫描,长1 m,直径10 cm	0.5 mm	分析岩心孔隙分布规律,确定岩心选取区域
微米CT	岩心扫描,直径15~25 mm	12~30 μm	地质描述,非均质性分析
	岩心扫描,直径1~2.5 mm	0.5~12 μm	精细扫描,孔隙网络生成
纳米CT	长<1 mm,直径65 μm左右	65~150 nm	页岩、微晶体、致密气岩等样本扫描与孔隙网络分析
FIB-SEM	<1 mm	2~150 nm	

第三章　数值模拟法构建三维数字岩心

物理实验法能够直接建立岩心的三维孔隙空间信息，然而，由于建模设备昂贵、成像分辨率限制、裂缝及致密岩心获取困难、建模孔隙结构参数不可控等原因，该方法建立的模型在获取性、成本、适用性、结果可控性等方面存在一定不足。因此，以岩石二维图像为基础，利用数值模拟法构建三维数字岩心是灵活有效的手段。数值模拟法相对于实验方法有许多优势，是建立三维数字岩心的重要工具。从建模参考约束条件看，二维薄片、铸体薄片等图像更为常见，更易获取，成本更低；数值模拟方法种类更多，满足更多类型岩石构建，方法上具有更多的可选性；在结果上，数值模拟方法能够建立多种孔隙结构变化的模型，在孔隙度、连通性、孔喉参数等方面具有更好的可控性。在模型大小和分辨率方面，数值模拟建立的模型更大，分辨率更高，可以多尺度建模，在大小和分辨率方面更加可控。建模不需要依托高精度实验设备，从而使研究更加广泛，节约人力物力。本章重点阐述几种数值建模方法，包括高斯场法、模拟退火法、多点地质统计法、过程法、形态学法、深度学习法和混合法。

第一节　高斯场法

Joshi 于 1974 年提出模拟构建多孔介质的高斯场法，该方法全称为单层截断高斯随机场法（Single-Level Cut Gaussian Random Filed Method），简称高斯场法（Gaussian Field Method，GFM）（岑为，2012）。该方法对骨架和孔隙定义为不同的相函数，骨架用 0 表示，孔隙用 1 表示，通过建模统计信息的约束，使三维空间中的相函数与真实二维图像的孔隙结构不断接近，当满足条件时，其三维空间中的高斯场分布为所建立的三维数字岩心。Bekri 等（2000）应用高斯场法重建了白垩纪岩石样品的三维空间结构图像，在此基础上分析了渗透率、导电性等岩石物理属性。通过该方法建立的模型，面临的最大问题是孔隙空间连通效果不理想。

一、高斯场法基本原理

高斯场法建立多孔介质模型以两个重要的函数为基础，分别是孔隙度和自相关函数，这两个函数通常通过分析二维图像获取，目的是通过二维图像的函数统计信息，实现具有相似函数性质的三维随机重建（Roberts，1997）。

1. 相关函数

应用高斯场法重建三维模型用到两个重要函数:孔隙度和自相关函数。假设一个各向同性的三维随机场 $Z(r)$,对随机场进行二值化,设定孔隙相数值为 1,固相基质为 0,随机场定义为

$$Z(r) = \begin{cases} 0, 固相 \\ 1, 孔隙相 \end{cases} \tag{3-1}$$

由于定义的模型为各向同性,因此三维空间中任意方向的位置距离表示为 $r = \| \boldsymbol{r} \|$,$\| \ \|$ 表示向量的模量。此外,一点相关函数定义为

$$S_1 = \langle Z(r) \rangle = \varepsilon \tag{3-2}$$

式中:S_1 表示多孔介质模型的孔隙度;符号 $\langle \ \rangle$ 表示计算平均;$\langle Z(r) \rangle$ 表示随机场系统的孔隙度平均值;ε 表示二维图像获得的孔隙度参数。

两点相关函数 S_2 定义为

$$S_2(u) = \langle Z(r)Z(r+u) \rangle \tag{3-3}$$

式中:S_2 为随机场中相距 u 距离的两点都为孔隙相的概率。

自协方差相关函数 $R_s(u)$,也称为自相关函数,与两点相关函数的关系表示为

$$R_s(u) = [S_2(u) - \varepsilon^2]/(\varepsilon - \varepsilon^2) \tag{3-4}$$

自相关函数定义为

$$R_s(u) = \langle [Z(r) - \varepsilon][Z(r+u) - \varepsilon] \rangle /(\varepsilon - \varepsilon^2) \tag{3-5}$$

一方面,具有一定大小的重构多孔介质模型才能使误差减小到可接受程度;另一方面,为了使模型与实际预期结果更加一致,需要以更多的孔隙结构参数作为约束,例如多点相关函数,然而统计的信息越多将使计算变得越复杂。

多孔介质的重构需要进行模型数字化,对图像进行相关函数的计算。相关函数的计算可以直接基于定义的公式执行,同时通过引入快速傅立叶变换能够计算两点相关函数。该方法计算原理以维纳-辛钦(Wiener-Khinchin)定理为基础,计算关系如图 3-1 所示。开展模型 $Z(r)$ 的直接运算能够获得两点相关函数 $C(h)$,反过来,同样可以通过两点相关函数的逆运算重构模型 $Z(r)$,计算原理及过程可参考 Pardoiguzquiza 和 Chicaolmo(1993)、Cooper(2001)、岑为(2012)的文献。

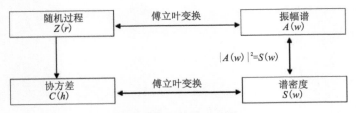

图 3-1　两点相关函数计算流程图(岑为,2012)

2. 计算过程

高斯场法是典型的随机建模法，Joshi(1974)最早提出该方法，随后 Quiblier(1984)将该方法拓展至三维重建。该方法以孔隙度和自相关函数作为约束条件进行随机重建，重建目标模型 $Z(r)$ 的计算过程包括下面基本步骤。

(1) 从二维图像中获取建模所需的孔隙度和自相关函数参数。

(2) 生成三维随机高斯场 $X \in N^3$，X 表示高斯场，其期望值为 0，方差为 1，三维空间数据的值互相独立随机。

(3) 生成相关性 $R_s(u)$ 的三维随机高斯场 Y，假定其满足期望值为 0，方差为 1 的正态分布，高斯场 Y 基于快速傅立叶变换运算求解：

$$Y(x') = N^{3/2} \sum_m (\hat{R}_{Ym})^{1/2} \hat{X}_m \exp(-2\pi i k_m x') \tag{3-6}$$

式中：m 表示整数，$m \in [0, N-1]^3$；$\hat{R}_{Ym}$ 和 $\hat{X}_m$ 分别表示 R_Y 和 X 对应的傅立叶变换系数。

$R_Y(u)$ 通过下式计算：

$$R_s(u) = \sum_n^\infty C_n^2 R_Y^n(u) \tag{3-7}$$

其中 C_n 通过下式计算：

$$C_n = (2\pi n!)^{-1/2} \int_{-\infty}^{+\infty} c(y) e^{-y^2/2} H_n(y) dy \tag{3-8}$$

$$c(y) = \begin{cases} \dfrac{\varepsilon - 1}{[\varepsilon(1-\varepsilon)]^{1/2}} \text{ if } P(y) \leqslant \varepsilon \\[3mm] \dfrac{\varepsilon}{[\varepsilon(1-\varepsilon)]^{1/2}} \text{ if } P(y) > \varepsilon \end{cases} \tag{3-9}$$

$$H_n(y) = (-1)^n e^{y^2/2} \frac{d^n}{dy^n} e^{-y^2/2} \tag{3-10}$$

$$P(y) = \frac{1}{\sqrt{2\pi}} \int_{-\infty}^y e^{-y^2/2} dy \tag{3-11}$$

(4) 以孔隙度和自相关函数为约束条件，对 Y 进行非线性变换以获得目标模型 $Z(r)$：

$$Z(r) = \begin{cases} 1 \text{ 当 } P[Y(r')] \leqslant \varepsilon \\ 0 \text{ 其他情况} \end{cases} \tag{3-12}$$

该方法在计算过程中有几点需要说明，式中 n 根据经验取值为 21 已能够满足计算精度要求，公式(3-8)中积分范围取值为 $[-10, 10]$ 已能满足计算需求(岑为，2012)。公式(3-7)中当 $R_Y(u)$ 等于 1 时，$R_s(u)$ 的计算会出现偏差，其值通常为 0.9 左右，因此对这类情况的计算进行改进，详细计算可参考 Adler 等(1990、1992)、Adler 和 Thovert(1998)、岑为(2012)的文献。

二、高斯场法建模流程

高斯场法重建三维多孔介质模型以约束条件函数为基础，模型中每个点的坐标定义了该点是属于固相基质还是孔隙空间。Quiblier(1984)将其拓展至三维模型并开发了模拟程序，将重建过程描述为：①模拟一个目标多孔介质模型，该模型的结构特征从薄片中测量，模拟将在有限的二维或三维空间域中执行；②对于空间域中的每个点，模拟过程将生成一个对应的数字，该数字的值将指示该点是固相基质还是孔隙空间；③以孔隙度和相关函数为约束条件，空间域中的数字将通过随机过程生成，从而再现多孔介质孔隙结构的随机性；④控制随机生成的"无序"，以获得重建多孔介质的孔隙特性。

三、高斯场法应用实例

Bekri 等(2000)应用高斯场法重建了北海白垩纪岩石样品的三维孔隙空间结构，并估算了该岩石的物性性质。他们使用二维高分辨率背散射扫描电子显微镜(SEM)图像来提取地质统计信息，测量孔隙空间两个统计特性，即孔隙度和自相关函数，并作为重建的输入参数。该地质统计信息用于重建具有与原始二维图像信息相等的三维多孔介质，重建介质的三维可视化如图 3-2 所示。进一步，Bekri 等(2000)通过有限体积方法计算重建模型的宏观性质，包括绝对渗透率、地层因子和毛细管压力曲线，并结合实验测量结果验证了该方法的准确性。

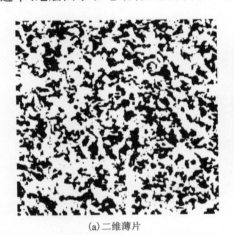 

(a)二维薄片　　　　　　　　　　　　　　(b)三维重建

图 3-2　高斯场法重建北海白垩纪岩石样品的三维数字岩心模型(Bekri et al., 2000)

Roberts 和 Torquato(1999)在利用高斯场法构建多孔介质中，除了考虑两点相关函数外，还考虑了微观结构的另一个有用特征参数，即弦长分布函数，建立了基于高斯随机场的随机介质模型的弦函数的近似形式；将该近似应用于随机材料的高斯随机场建模中，重建了基于高斯随机场的砂岩模型，并与实际 X 射线扫描获得的枫丹白露砂岩样品进行比较，验证该方法的可行性。两种方法建立的砂岩模型三维孔隙空间分布如图 3-3 所示。

四、高斯场法优缺点

高斯场法的目标是将各向同性介质从二维拓展到三维，使重建三维多孔介质与二维图像获取的结构函数信息一致。高斯场法由于约束条件较少，因此建模速度快。另外，在实际建模中，三维模型本身固有的结构信息(例如长程相关性)难以体现在建模输入函数中，因此所

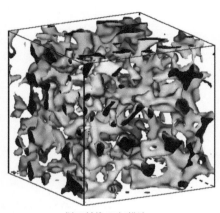 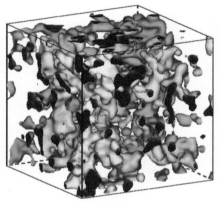

(a) X射线CT扫描法　　　　　　　　　　　　(b) 高斯随机场法

图 3-3　枫丹白露砂岩三维孔隙空间图像（Roberts and Torquato，1999）

构建模型的效果往往不是很好，重构三维模型与二维图像在相关函数上存在较大差别。此外，孔隙相中分布着很多孤立离散的固相基质，这不符合实际多孔介质的特性，分散小点不能表示实际的固相，这体现了计算中能量下降的不稳定性，这是高斯场法本身的不足。

第二节　模拟退火法

模拟退火法（Simulated Annealing，SA）发展于局部搜索算法，但是与局部搜索算法存在一定区别，模拟退火法能够部分接受系统的劣化状态，通过模拟降温过程，系统搜索全局可能的最优解，从而避免系统陷入局部最优解。Metropolis 等（1953）首先提出模拟退火概念。Kirkpatrick（1984）进一步解释基本原理并将其应用于组合算法中。Hazlett 等（1998）提出一种基于模拟退火优化算法的数字岩心重建方法。在计算二维切片孔隙度、两点概率函数和线性路径后，首先构建具有与岩石二维切片相同孔隙度的三维数字岩心，之后通过使用模拟退火法优化数字岩心。在优化的每次迭代过程中，随机选择并交换孔隙体素点和骨架体素点，并计算目标函数。如果函数的值减小，则更新三维数字岩心，继续迭代直到终止，并获得重建的三维数字岩心。由于模拟退火法可以设置任意多的约束条件，导致建模速度随约束条件的增加不断变慢（Hidajat et al.，2001；赵秀才等，2007）。与高斯场法类似，该方法建立的三维数字岩心同样面临孔隙空间长程连通性差的问题。对此问题，Hidajat 等（2002）、刘学锋（2010）分别以高斯场法和过程法模型作为初始输入，然后利用模拟退火法进行迭代计算，改进了该方法的建模效果。

一、统计特征函数

在数字岩心数值重建过程中，尽可能多地考虑岩石骨架及孔隙空间特征，才能建立与真实多孔岩石更为接近的三维模型。从岩石二维图像中能够获取孔隙结构信息，在利用模拟退火法建立数字岩心过程中不能直接以二维图像作为输入参数，而是以函数作为建模约束条件。这些函数能够从一张或几张代表性二维图像中获取,这些输入信息包括孔隙度分布函数、单点概率函数、自相关函数、线性路径函数、局部渗流概率函数等,约束信息越多重建模型越接近真实多孔岩石,但是建模速度会显著变慢(姚军和赵秀才,2010)。单点概率函数、自相关函数、线性路径函数是影响模型结果的重要约束函数,因此对这几个函数进行详细描述。

1. 单点概率函数

对于多相介质,第 j 相的相函数 $Z^j(\vec{r})$ 定义为

$$Z^j(\vec{r})=\begin{cases}1,\vec{r}\in v_j\\0,\vec{r}\notin v_j\end{cases} \tag{3-13}$$

式中:$\vec{r}$ 表示任意方向的一点;v_j 表示第 j 相所占有的区域。

假设多孔岩石表示为由固相基质和孔隙空间所组成的两相系统,式(3-13)简化为

$$Z(\vec{r})=\begin{cases}1,\vec{r}\text{ 属于孔隙空间}\\0,\vec{r}\text{ 不属于孔隙空间}\end{cases} \tag{3-14}$$

因此,对相函数进行统计平均(计算符号表示为—)可获得单点概率函数(也称为孔隙度 ϕ):

$$\phi=\overline{Z(\vec{r})} \tag{3-15}$$

在数字岩心建模中,通常将二维或三维数字岩心表示为像素矩阵的形式,一个矩阵空间等同于一个像素点,该值由相函数控制。在分析二维图像孔隙结构参数时,对图像中所有像素进行统计即可获得数字岩心的孔隙度参数。

2. 自相关函数

对于多相介质,第 j 相的自相关函数 S_2^j 定义为

$$S_2^j(\vec{r}_1,\vec{r}_2)=\overline{Z^j(\vec{r}_1)\times\overline{Z^j(\vec{r}_2)}} \tag{3-16}$$

式中:$\vec{r}_1$ 和 $\vec{r}_2$ 表示空间中任意方向距离为 r 的两个点,对于数字图像,r 长度表示像素数量与像素边长的乘积。

在多孔介质数字图像分析中,自相关函数解释为图像中任意两个像素点属于同一相的概率。假设系统为各向同性,$S_2^j(\vec{r}_1,\vec{r}_2)$ 的值只与 $\vec{r}_1$ 和 $\vec{r}_2$ 两点的距离有关,即 $r=|\vec{r}_1-\vec{r}_2|$,因此将式(3-16)中的自相关函数简化为

$$S_2^j(r)=\overline{Z^j(x)\times\overline{Z^j(x+r)}} \tag{3-17}$$

式中:x 表示系统中任意一个点。可知当 $x=0$ 时,式(3-17)等于

$$S_2^j(r=0)=\phi_j \tag{3-18}$$

对于各向同性均匀系统,自相关函数具有以下性质

$$S_2^j(r\geqslant R)=\phi_j^2 \tag{3-19}$$

式中:R 定义为自相关距离,表示自相关函数曲线达到可接受稳定状态值 ϕ_j^2 时对应的距离。

在以自相关函数为约束条件开展系统重建过程中,计算过程通常会因为系统性质的不同会有所不同。对于各向异性介质,计算 $S_2^j(\vec{r}_1,\vec{r}_2)$ 时需要选定某个方向并进行系统扫描计算

以重建数字岩心,沿着更多的方向进行扫描计算才能使重建模型与实际材料更加符合。然而,随着计算方向的增多,计算量快速增大,优化时间显著增加。对于各向同性介质,以一个方向计算自相关函数 S_2^i 即可得到满意的结果,因此这类情况计算量小、效率高。对于多孔岩石,通常假定其满足各向同性性质,$S(r)$ 只需沿 X、Y、Z 三个主轴方向分别进行扫描计算。

数字岩心表示固相基质和孔隙空间两相系统,孔隙空间是研究对象,对于自相关距离的选取,根据式(3-19)可知,当距离 $r>R$ 时,自相关函数的值基本不再变化,因此 $S(r)$ 曲线的长度选取至该值不再明显波动变化时即可。

3. 线性路径函数

线性路径函数 $L^j(\vec{r}_1,\vec{r}_2)$ 是表征多孔介质孔隙结构性质最重要的参数之一,定义为

$$L^j(\vec{r}_1,\vec{r}_2)=\overline{P}(\vec{r}_1,\vec{r}_2) \qquad P(\vec{r}_1,\vec{r}_2)=\begin{cases}1,\vec{r}_x\in v_j\\0,\text{其他}\end{cases} \qquad (3\text{-}20)$$

式中:$\vec{r}_1$ 和 $\vec{r}_2$ 表示空间中任意方向距离为 r 的两个点;$\vec{r}_x$ 表示这两点连线之间的任意一个点。

通过公式(3-20)可以发现,该函数反映了系统的连通性信息。对于各向同性系统,线性路径 $L^j(\vec{r}_1,\vec{r}_2)$ 的值只与 r 值有关,因此公式可简化为 $L^j(r)$。数字岩心表示为固相基质和孔隙空间两相系统,孔隙空间是研究对象,因此 $L^j(r)$ 可进一步简化为 $L(r)$。随着距离 r 的增加,线性路径函数的值逐渐减小,直至减小为 0,因此曲线长度范围选取至该值为 0 时即可。

二、模拟退火法建模过程

以岩石二维图像为基础,模拟退火法重建三维模型本质上是寻找最优化问题,即求解二维图像和三维模型之间结构统计特征最小差异的最优解。在应用模拟退火法重建三维数字岩心过程中,首先建立一个随机的两相三维系统,用 0 表示孔隙空间,1 表示固相基质,0 和 1 的分布完全随机,系统孔隙度等于二维图像的孔隙度;然后计算出初始系统的能量 E,整个系统的能量描述为三维模型与二维图像统计特性差值的平方和:

$$E=\sum_i\alpha_i\left[S_s(r)-S_o(r)\right]^2 \qquad (3\text{-}21)$$

式中:$S_s(r)$ 和 $S_o(r)$ 分别表示三维数字岩心模型与二维图像的孔隙结构统计特性,例如一点相关函数、两点相关函数、线性路径函数等;α_i 表示对不同统计函数的加权值。

随机选取固相基质和孔隙空间中的各一个点进行位置交换,形成新的系统,该过程只是交换了两相中两点的位置,因此系统模型的孔隙度没有变化。进一步计算新系统的能量 E_t,假定初始系统的能量为 E_i。对比新系统能量 E_t 和 E_i 的大小,如果 $E_t<E_i$,则无条件接受新系统;如果 $E_t>E_i$,则新系统能够以一定的概率被接受:

$$p(\Delta E)=\exp\left(-\frac{\Delta E}{T}\right) \qquad (3\text{-}22)$$

式中:$\Delta E=E_t-E_i$;T 表示系统温度,其控制系统的降温过程,选取合适的参数 T 对提高建模速度具有重要影响(刘学锋,2010)。

不断重复以上过程,系统不断进行迭代计算,系统的温度是一个不断降低的过程。系统在初始阶段能量大,根据 Metroplolis 准则可知,初始阶段劣态被接受的概率更大,这能避免系统陷入局部最优解,从而使系统在全局上寻找最优解。随着系统能量降低,系统不断进行优化,此时劣态被接受的概率逐渐降低,系统优化速度更快,直到系统能量下降到预定值或系统更新非常小,此时计算完成,建立的三维数字岩心模型被认为是最优模型。利用模拟退火法重建三维模型的过程如图 3-4 所示。

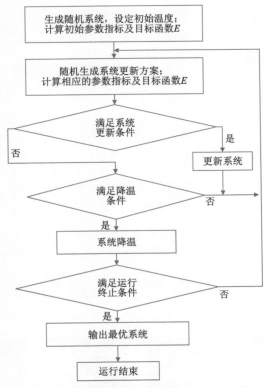

图 3-4　模拟退火法构建三维数字岩心流程图

三、模拟退火法应用实例

在缺乏实际岩心三维体积数据的情况下,通过分析二维背散射电子图像获得统计信息,通过三维随机重建是一种可行的替代方案。北海白垩纪岩石样品的微观结构极其复杂,无法通过颗粒沉积和成岩过程对其孔隙结构进行再现,随机重建是可行的选择。Talukdar 和 Torsaeter(2002)利用模拟退火技术基于二维背散射电子显微图像提取的建模参数信息重建白垩纪岩石三维孔隙模型:首先从二维背散射电子图像中提取孔隙形态信息,然后采用模拟退火重建技术,该算法可以设置任意数量的约束条件,重构与二维图像统计信息一致的三维随机重构模型,图 3-5 显示了重建大小为 $150 \times 150 \times 150$ 体素(体积元素)的两个样本。图中固相基质表示为透明,灰色和黑色表示孔隙空间,孔隙空间中黑色区域代表与外部连接的孔隙,然后进一步分析两个样本的孔隙形态和连通性特征。

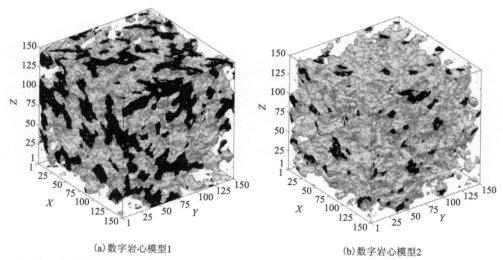

(a)数字岩心模型1　　　　　　　　　　　(b)数字岩心模型2

图 3-5　模拟退火法重构的白垩纪岩石样品三维数字岩心（Talukdar and Torsaeter，2002）

　　基于实验室测试分析岩心的传输特性，如渗透率、相对渗透率、毛细管压力和电导率等具有较高准确性，然而这些测试仅在少数岩心上进行，因为这些实验测试既昂贵又耗时。Hidajat 等（2002）开发出一种可靠的方法从二维截面图像重建三维孔隙结构，然后用于估计输运性质。他们提出了一种改进的模拟退火方法，该方法节约计算时间，模型图像的分辨率进一步提高，通过改变建模输入参数，生成了具有不同相关长度和孔隙度的多孔介质模型（图 3-6）。通过分析模型的孔隙度、两点相关函数、弦长分布和线性路径 4 个统计函数得到最佳的重建结构。基于重构的多孔介质，用有限差分法计算了这些模型的渗透率和地层因子，重建模型的输运属性结果较好。

(a)高相关长度　　　　　　　　　　　(b)低相关长度

图 3-6　相同孔隙度下不同相关长度的三维孔隙结构图像对比（Hidajat et al.，2002）

四、模拟退火法优缺点

模拟退火法以结构特征函数作为建模的约束控制条件,这些信息能够从岩石二维图像中获取,因此该方法建模资料易获取。通过建立特定的控制函数,能够重建自然界不存在的具有特定孔隙结构的模型,以获得研究所需的孔隙结构模型(王金波,2014;Haghverdi et al.,2021)。该方法能够以更多的约束函数作为输入条件,因此实际多孔岩石与重建模型之间具有更好的相似性(Ju et al.,2014)。但是当计算模型较小时,模拟退火法计算效率较高,然而随着三维模型增大,重建时间将快速增加,因此获得更大的模型将消耗更多的时间。为了使建模结果与实际岩石更为接近而增加更多的结构统计函数作为约束条件,将使计算时间大大增加。此外,模拟退火法重建模型中往往分布着大量独立分散的固相基质,这与实际情况不符合。通过与其他方法构建的数字岩心比较,例如 X 射线 CT 法或过程法,该方法建立的模型在连通性方面效果较差。

第三节　多点地质统计法

前面介绍的高斯场法和模拟退火法都是以变差函数为基础的随机重建方法,这些三维重建模型的长距离连通性较差,这会极大地影响岩石宏观物理属性,例如渗流、电性等。因此,建立长程连通性好的数字岩心模型是重要的。Strebelle(2002)提出多点统计学方法(Multiple-Point Statistics,MPS),该概念是相对于两点地质统计而言,两点统计只能研究两点间的关系,多点统计方法重点体现多点间的关系。Okabe 和 Blunt(2004)将该方法应用于重建多孔岩石,建立了 Berea 砂岩数字岩心模型。黄丰(2007)、马微(2014)对该方法三维建模原理和过程进行分析改进。张挺(2009)进一步对该方法作了比较全面的分析,评价了该方法所建数字岩心的优缺点。Tahmasebi 等(2017)通过多点地质统计法重建三维多孔介质模型。

一、多点地质统计法基本原理

1. 多点地质统计学基本概念

多点地质统计学概念是相对于传统两点地质统计学而言(Guardiano and Srivastava,1993;刘磊等,2018),该方法的基础是以训练图像代替两点地质统计中的变差函数来重构模型(Okabe and Blunt,2005,2007;Tahmasebi et al.,2017)。多点地质统计学涉及 3 个核心概念,分别为训练图像、数据模板和数据事件。训练图像定义为包含研究对象各种特征模式的图像,训练图像不需要符合严格的精确性和特定分布,只需要具有很好的建模代表性和稳定性(Lu et al.,2009;Mariethoz and Renard,2010)。

训练图像中的各种特征模式通过基于数据模板的滑动扫描而获得,数据模板表示为 n 维向量组成的几何结构,定义为 $\tau_n = \{h_a, \alpha = 1, 2, \cdots, n\}$。假定数据模板的中心为 u,则其他位置可表示为 $\mu_a = \mu + h_\mu (\alpha = 1, 2, \cdots, n)$。图 3-7 展示了二维和三维数据模板示意图,图 3-7(a)展示了大小为 9×9 的模板,u_a 由中心位置 u 和周围 80 个向量 h_a 组成。类似地,图 3-7(b)展示了大小为 $3 \times 3 \times 3$ 的三维模板,由中心位置 u 和周围的 8 个向量组成。

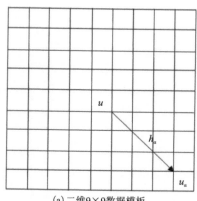

(a)二维9×9数据模板　　　　　(b)三维3×3×3数据模板

图 3-7　二维和三维数据模板示意图

基于定义的数据模板滑动扫描训练图像所获得的信息表示为数据事件,也称为特征模式。假定属性 S 可取 m 个状态值 $\{S_k,k=1,2,\cdots,m\}$,数据事件 $d(u)$ 定义为数据模板在不同 u_a 位置上组成的状态值:

$$d(u)=\{S(u_a)=S_{k_a},\alpha=1,2,\cdots,n\} \tag{3-23}$$

式中: $S(u_a)$ 表示模板在 u_a 位置时的状态值。

图 3-8 表示二维和三维数据模板捕获的数据事件示意图,图 3-8(a)和(b)表示二维 9×9 模板获得的两个数据事件,图 3-8(c)和(d)表示三维 $3\times3\times3$ 模板获得的两个三维数据事件,图中不同颜色的格子表示不同的状态值(刘磊等,2018)。

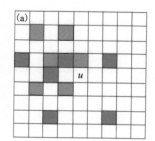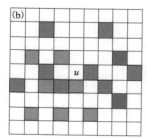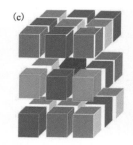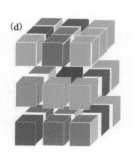

图 3-8　二维和三维数据事件示意图(刘磊等,2018)

2. MPS 构建数字岩心基本原理

多点地质统计法中 3 个核心词的关系可以简单描述为应用数据模板扫描代表性训练图像从而捕获数据事件,即获得研究对象的模式特征(张挺,2009)。图 3-9 显示了利用 3×3 的数据模板扫描 7×7 的训练图像,从而获得一个数据事件的过程。利用 3×3 的数据模板,每次滑动一个节点进行扫描,通过对整个训练图像进行扫描,可获得训练图像的全部模式库,如图 3-10 所示。如果研究对象为三维模型,可通过类似方法进行滑动扫描建立模式库。

在应用数据模板扫描训练图像过程中,定义数据模板捕获一个模式为一次重复,整个模式库中包含某种模式的数量 N 则称为 n 次重复。因此,对于待模拟点 u,在给定 n 个条件数

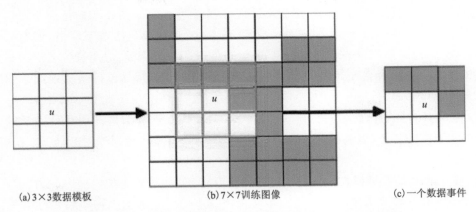

(a)3×3数据模板　　　　　　　　　(b)7×7训练图像　　　　　　　　(c)一个数据事件

图 3-9　应用数据模板扫描训练图像获得数据事件过程示意图

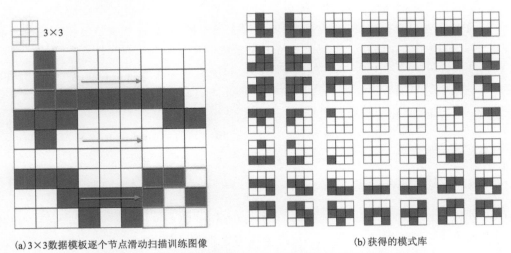

(a)3×3数据模板逐个节点滑动扫描训练图像　　　　　　　　(b)获得的模式库

图 3-10　应用数据模板滑动扫描训练图像获得模式库示意图

据值 $S(u_a)$ 中,$S(u)$ 获得 k 个状态值中任意一个状态值定义为条件概率分布函数:

$$\text{Prob}\{S(u)=S_k \mid d_n\} = \frac{\text{Prob}\{S(u)=S_k \bigcap S(u_a)=S_{k_a},\alpha=1,2,\cdots,n\}}{\text{Prob}\{S(u_a)=S_{k_a},\alpha=1,2,\cdots,n\}} \tag{3-24}$$

式中:分母表示任意模式的概率;分子为出现该模式和待模拟点 u 取某值时的概率。该式(3-24)另可描述为

$$\text{Prob}\{S(u)=S_k \mid S(u_a)=S_{k_a},\alpha=1,2,\cdots,n\} = \frac{c_k(d_n)}{c(d_n)} \tag{3-25}$$

式中:分母 $c(d_n)$ 表示某模式重复次数;分子 $c_k(d_n)$ 表示该模式中待模拟点数据值 $S(u)$ 等于 S_k 的次数。

二、多点地质统计法建模流程

数字岩心通常表示为两相系统,用 0 和 1 分别表示固相基质和孔隙空间。首先选取具有代表性的图像作为训练图像,数据模板扫描训练图像获得反映孔隙结构的特征模式。模板越大越能反映结构特征的长程相关性信息,然而计算量也将增大。对整个图像进行遍历扫描即获得待模拟点条件概率分布函数,进而构成搜索树。然后构建三维数字网格,沿定义的路径模拟所有网格节点,对于每一个待模拟点,基于条件概率分布函数,应用蒙特卡洛法确定每一个节点的数值。完成所有节点赋值,即获得三维数字岩心模型,具体建模流程如下(张丽等,2012;刘学锋等,2015):

(1)选取具有代表性的岩石二维图像作为训练图像。训练图像需要尽可能反映实际多孔岩石的孔隙结构特征,以岩心 X、Y、Z 三个方向的切片图像作为训练图像,能够反映不同方向的结构信息。

(2)定义合适的数据模板。扫描训练图像捕获特征结构,建立条件概率分布函数。数据模板的大小以岩石二维图像相关函数为参考依据。应用定义的数据模板扫描 3 个方向的切片图像,建立对应方向的搜索树。

(3)硬数据对模拟结果的控制。硬数据指的是节点中不需要通过模拟而产生的固定数值。在三维数字岩心建模中硬数据一定程度上影响着建模结果,例如在 XY 平面中存在大孔隙空间,因此其他平面在该位置处附近应该也为孔隙。

(4)设定重建的三维网格,进行随机模拟。设定随机路径访问待模拟节点,3 个方向的条件概率分布函数进行加权平均获得待模拟节点的条件概率。应用蒙特卡洛法获得该节点模拟数值,将该值加入到更新的条件数据中。

(5)计算下一个待模拟节点,不断重复过程(3)和(4),直到完成所有网格节点的计算,即表示实现一个三维重建。

三、多点地质统计法应用实例

Okabe 和 Blunt(2004)提出从二维薄片构建三维模型的多点统计方法。该方法以薄片图像作为多点统计的训练图像,这些统计信息描述多个空间位置之间的关系,量化统计特定图案出现的概率。他们应用该方法重建了 Berea 砂岩的三维孔隙空间图像,如图 3-11 所示,固相基质为透明,孔隙空间用彩色表示。他们进一步分析了 Berea 砂岩重建模型的自相关函数和渗透率等参数,表明重建模型保留了真实岩石的长程连通性。在这项研究中,他们以 9×9 作为模板,这已经足以捕捉二维图像中的典型结构信息。然而,对于更加非均质的样本,需要更大的模板以及更高阶的统计信息,因此这也将消耗更多的内存和时间。

多孔介质中流体流动行为与孔隙空间的几何形状和拓扑结构密切相关。因此,构建多孔介质的三维孔隙空间模型是预测流动特性的第一步。Hajizadeh 等(2011)应用多点地质统计法构建了 Berea 砂岩的随机三维模型,如图 3-12 所示,图中(a)为 CT 扫描法三维结构,(b)~(f)5 个三维模型为 5 次随机模拟,孔隙空间表示为黑色。建模过程中以 CT 图像中提取的不同二维切片作为训练图像。数据模板的大小是一个关键参数,它反映了岩石样本空间连续性的识别尺度,较小的模板准确再现了短程连通性,但长程结构没有很好地反映,较大的模板再现了长程连通性,但容易忽略一些结构细节,因此他们还研究了数据模板大小对模型结果的影响。进一步,他们将 CT 图像与 5 种随机重建模型的孔隙空间特性进行比较,图像结构尽管在视觉上不同,但变差函数和多点连通性曲线几乎相同。

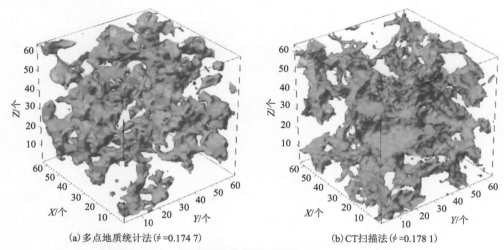

(a) 多点地质统计法(ϕ=0.174 7)　　　(b) CT扫描法(ϕ=0.178 1)

图 3-11　Berea 砂岩三维数字岩心图像(Okabe and Blunt, 2004)

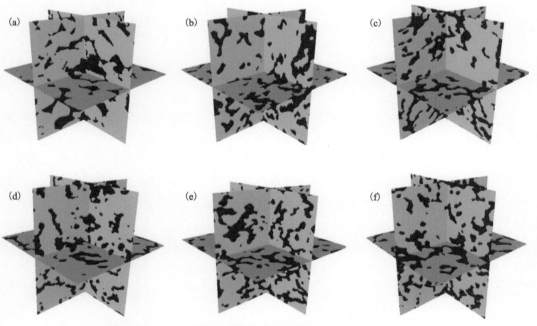

图 3-12　Berea 砂岩三维数字岩心图像(Hajizadeh et al., 2011)

四、多点地质统计法优缺点

多点地质统计法构建三维数字岩心具有像素参数易控制和目标模式结果易理解的特征。相比于传统两点地质,多点地质方法更多地考虑了多点之间的相关性,模型结果具有较好的长程连通性。建模输入参数只需要以高精度二维图像为基础,建模输入易获取。一方面,该技术可以更好地描述孔隙空间的形状,可建立各向异性孔隙结构模型,适用范围广泛;另一方面,与基于形态学特征重建的其他方法类似,该方法的训练图像必须具有代表性,建模结果受训练图像影响大,结果具有一定的随机性和不准确性。基于二维切片形态特征统计约束的随机重建方法不考虑数学统计参数,因此所构建的三维数字岩心准确性存在一些隐患,某些统计数据可能无法反映二维切片的特征。此外,该技术的计算速度相对较慢。

第四节 马尔科夫链-蒙特卡洛法

马尔科夫链-蒙特卡洛法(Markov Chain-Monte Carlo,MCMC)以马尔科夫随机场为基础,该概念提出于 20 世纪 50 年代(Hastings,1970;Hammersley,2013)。该方法的本质是基于一条已知的马尔科夫链,应用蒙特卡洛方法产生与该链相关的随机数。马尔科夫链的核心内容为转移概率,转移概率描述为每一个位置的状态值取决于之前有限个状态的值,该位置的概率值也称为条件概率(夏乐天和朱元甡,2007)。Wu 等(2004)将该方法拓展于多孔介质模型的重建,实现了土壤及岩石三维孔隙空间结构的随机重构。Yao 等(2015)应用该方法建立碳酸盐岩多尺度孔隙结构模型。Wei 等(2018)应用 MCMC 法重建三维页岩模型并分析了弹性性质。

一、MCMC 基本原理

1. 二维 MCMC 法原理及流程

对于数字化二维图像,可以将其视为一个二维矩阵。二维数字岩心是数字化图像,其数据表示为二维矩阵形式,数字岩心通常表示为 0 和 1 组成的两相体系,0 表示固相基质,1 表示孔隙空间(王晨晨等,2013;陈昱林,2016;周琦森,2018)。假定二维数字岩心的大小为 $I \times J$ 像素,即 X 和 Y 两个方向的大小分别为 1 到 I 和 1 到 J。假设某位置处的值为 X_{xy},该值为 0 或 1。理论上,要想重构一个完整数字岩心,从随机重建的角度看需要知道完整的概率分布函数,但是对于如此巨大的样本,显然是不可能实现的。因此,MCMC 方法通过引入邻域概念来确定某位置处的值,即任意位置处的值可通过求取周围点的值来获取,通过构建邻域实现整个样本空间的重构。假设某位置点 a,C_{-a} 表示 a 点位置以外的所有点,N_a 表示 a 点的邻域,两者关系表示为

$$P[x_a | x(C_{-a})] \approx P[x_a | x(N_a)] \tag{3-26}$$

利用 MCMC 法重构二维数字岩心,通常构造 5 点-6 点邻域系统来确定 (x,y) 和 $(x,y+1)$ 位置处的值。该邻域系统表述为:对于任意 (x,y) 位置,该值可通过其上方 3 个点和左边 1 个点的值(这 4 个点的值已知)来确定;确定点 (x,y) 的值后,进一步,其右边点 $(x,y+1)$ 的值可通过这 5 个点来确定。5 点-6 点邻域系统如图 3-13 所示,定义为

$$N_5(x,y) = \begin{bmatrix} (x-1,y-1)(x-1,y) \\ (x-1,y+1)(x,y-1) \end{bmatrix} \tag{3-27}$$

$$N_6 = \begin{bmatrix} (x-1,y-1)(x-1,y)(x-1,y+1) \\ (x,y-1)(x,y) \end{bmatrix} \tag{3-28}$$

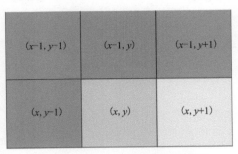

图 3-13　5 点-6 点邻域关系示意图

此外,在图像边界处无法采用 5 点-6 点邻域进行求解,对于这部分点的求解,通常采用两点邻域关系求解,即(x,y)处的点可由左边的一个点求解,两点邻域关系如图 3-14 所示,邻域N_2定义为

$$N_2=(x,y-1) \tag{3-29}$$

图 3-14　两点邻域关系示意图

应用标准方法求取图像转移概率面临计算复杂、收敛慢、耗时等问题,因此通常采用遍历扫描算法进行计算。选取代表性二维数字岩石图像,应用遍历扫描算法计算图像的条件概率,作为后续数字岩心重构的基础。从第一行开始对图像进行逐行扫描,统计每个邻域模式出现的次数除以该邻域模式的总数,从而获得该邻域系统的条件概率。因此,对于数字岩心两相介质,2 点、5 点和 6 点邻域系统总的条件概率数量最多能够达到 2^2、5^2 和 6^2 个。通过不同邻域系统遍历扫描图像,即可获得所有邻域系统对应的条件概率,进而执行随机赋值,重构二维数字岩心,重构过程描述如下(聂昕,2014):

(1)图像矩阵第一个点(1,1)的状态值根据孔隙度大小随机生成,第一行第二个点及后续点根据两点邻域条件概率进行赋值。

(2)第二行最右边一个点同样根据两点邻域条件概率随机赋值,然后第二行倒数第二个和第三个点根据 5 点-6 点邻域系统赋值,同样第二行剩下的点从右往左执行 5 点-6 点邻域系统获得。

(3)第三行第一个点利用 2 点邻域进行赋值,后续点从左往右执行 5 点-6 点邻域关系获得。

(4)根据上面类似的蛇形规律进行赋值,对后续所有点执行计算,直到重构矩阵被遍历赋值。

(5)对比重构数字岩心图像与真实岩石图像的孔隙度,如果孔隙度满足设定条件,则停止计算,如不满足条件则调整条件概率加权因子,重新执行遍历扫描,直到孔隙度相符,输出重构的数字岩心图像,二维重构过程如图 3-15 所示。

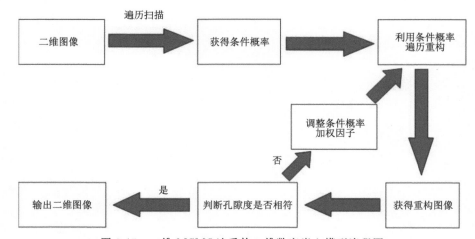

图 3-15　二维 MCMC 法重构二维数字岩心模型流程图

2. 三维 MCMC 法原理及流程

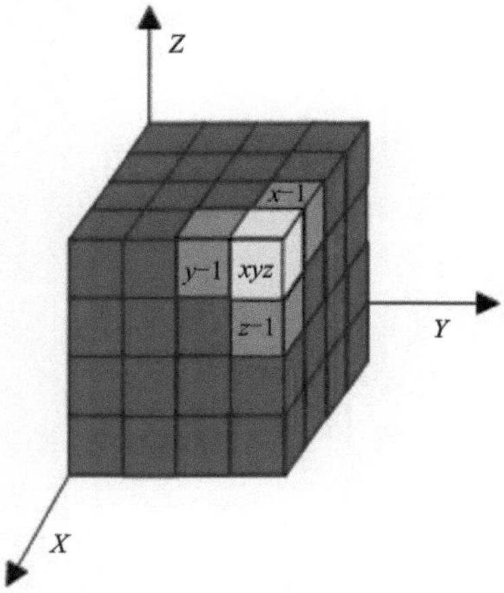

三维 MCMC 法在二维基础上进行拓展，能够随机重构三维数字岩心模型。假设三维空间在 X、Y、Z 三个方向的大小分别为 I、J、K，描述为三维空间体的行数、列数和层数的大小，则三维空间定义为 $V_{ijk} = \{(x,y,z):0<x<I,0<y<J,0<z<K\}$，三维空间位置关系如图 3-16 所示。任一点 (x,y,z) 的状态值定义为 X_{xyz}，对于只考虑固相基质和孔隙空间的两相系统，该点的值为 0 或 1。重建三维数字岩心同样以条件概率为基础，通过遍历扫描算法计算。但是，三维空间不同于二维矩阵，不仅仅只考虑平面上的邻域关系，还需要考虑 X、Y、Z 三个方向的邻域关系。为了获得某点 (x,y,z) 的状态值，理论上需要已知该点之前所有点的值，因此三维马尔科夫链概率空间表示为

图 3-16　三维空间体 V_{ijk} 位置关系示意图

$$P(X_{xyz}\,|\,\{X_{ijk}:0<x<i,0<y<j,0<z<k\}) = P(X_{xyz}\,|\,X_{(x-1)yz},X_{x(y-1)z},X_{xy(z-1)})$$

$$(3\text{-}30)$$

类似二维 MCMC 条件概率定义［公式(3-26)］，三维 MCMC 方法中对任意点的赋值可通过构造邻域系统获得

$$P(X_{xyz}\,|\,\{X_{ijk}:(i,j,k)\neq(x,y,z)\}) = P(X_{xyz}\,|\,\{X_{ijk}:(i,j,k)\in N(xyz)\})\qquad(3\text{-}31)$$

式中：$N(ijk)$ 表示任意点 (x,y,z) 的邻域。

19 点邻域系统是三维 MCMC 方法中对称且易理解的一种邻域系统，如图 3-17 所示，它由任意点 (x,y,z) 及其周围的 18 个点组成，邻域关系定义为

$$N_{19}(xyz)=\begin{bmatrix}(x-1,y,z)(x,y-1,z)(x,y,z-1)\\(x+1,y,z)(x,y+1,z)(x,y,z+1)\\(x,y-1,z+1)(x-1,y,z+1)(x-1,y+1,z)\\(x,y+1,z-1)(x+1,y,z-1)(x+1,y-1,z)\\(x,y+1,z+1)(x+1,y,z+1)(x+1,y+1,z)\\(x,y-1,z-1)(x-1,y,z-1)(x-1,y-1,z)\end{bmatrix} \qquad (3-32)$$

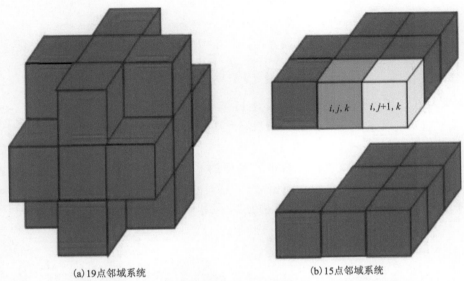

(a)19点邻域系统　　　　　　　　　(b)15点邻域系统

图 3-17　三维 MCMC 方法中 19 点邻域系统和 15 点邻域系统示意图

从图 3-17(a)和公式(3-32)可知,19 点邻域系统包含了未知状态值的点,因此该邻域系统无法应用于三维重构。为此,类似于二维 MCMC 中的 6 点邻域系统,构造适用于三维空间的 15 点邻域系统,如图 3-17(b)所示。该邻域关系由 13 个已知点和 2 个未知点组成,通过已知的 13 个周围点赋值(x,y,z)点,然后再根据这 14 个已知点赋值$(x,y+1,z)$点,通过一个邻域系统赋值 2 个点可提高计算效率。15 点邻域系统定义为

$$N_{15}[(x,y,z)(x,y+1,z)]=\begin{bmatrix}(x-2,y,z-1)(x-2,y+1,z-1)(x-1,y,z-1)\\(x-1,y+1,z-1)(x,y-1,z-1)(x,y,z-1)\\(x,y+1,z-1)(x-2,y,z)(x-2,y+1,z)\\(x-1,y-1,z)(x-1,y,z)(x-1,y+1,z)\\(x,y-1,z)\end{bmatrix}$$

$$(3-33)$$

在重构三维数字岩心时,需要获得代表性岩心图像的条件概率分布函数。如果岩心图像为三维数据且已知,直接利用 15 点邻域系统遍历扫描整个三维体可获得条件概率。然而,如果没有三维图像,通常利用 3 个互相垂直的二维图像计算条件概率。计算中涉及更多的邻域系统,如图 3-18 所示,对于图像的第一行利用 2 点-3 点邻域系统计算,第二行及之后的每一行的前 2 个点利用 3 点-4 点邻域系统计算,其他位置点则利用 5 点-6 点邻域系统计算。

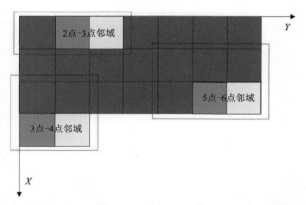

图 3-18　二维图像计算中应用的几类邻域系统示意图

15 点邻域系统的计算需要将其分解为 11 点邻域和 12 点邻域的组合,如图 3-19 所示。三维 15 点邻域系统是二维 5 点-6 点邻域系统的拓展,11 点邻域系统 $N_{11}(x,y,z)$ 由 XY 平面的 5 点邻域、YZ 平面的 5 点邻域和 XZ 平面的 6 点邻域所构成。类似地,12 点邻域系统 $N_{12}(x,y+1,z)$ 由 XY 平面的 6 点邻域、YZ 平面的 6 点邻域和 XZ 平面的 6 点邻域所构成。首先计算出 11 点邻域系统中点 (x,y,z) 的值,然后计算 12 点邻域系统中点 $(x,y+1,z)$ 的值。因此,三维 MCMC 方法计算条件概率描述为 11 点邻域和 12 点邻域的联合,定义为

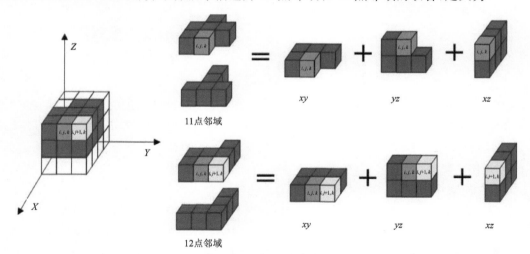

图 3-19　11 点邻域和 12 点邻域组成为 15 点邻域系统示意图

$$N_{15}\begin{cases}P\{X_{x,y,z}\mid X[N_{11}(x,y,z)]\}=\lambda\begin{cases}P\{X_{x,y,z}\mid X[N_{XY,5}(x,y,z)]\}+\\P\{X_{x,y,z}\mid X[N_{YZ,5}(x,y,z)]\}+\\P\{X_{x,y,z}\mid X[N_{XZ,6}(x,y,z)]\}\end{cases}\\P\{X_{x,y+1,z}\mid X[N_{12}(x,y+1,z)]\}=\lambda\begin{cases}P\{X_{x,y+1,z}\mid X[N_{XY,6}(x,y+1,z)]\}+\\P\{X_{x,y+1,z}\mid X[N_{YZ,6}(x,y+1,z)]\}+\\P\{X_{x,y+1,z}\mid X[N_{XZ,6}(x,y+1,z)]\}\end{cases}\end{cases}$$

$$(3\text{-}34)$$

式中：λ 表示条件概率加权因子，对于不同方向的邻域系统可以调整其权重，该因子依据重构三维模型与实际样本的孔隙度差异进行调整。

在利用三维 MCMC 法重构三维数字岩心时，需要处理边界值问题，除了前面介绍的 15 点邻域系统外，还需要引入 6 点-7 点邻域系统和 9 点-10 点邻域系统，它们的邻域关系如图 3-20 所示。

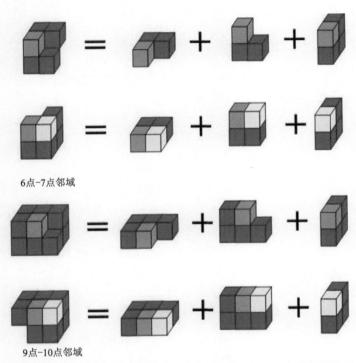

6点-7点邻域

9点-10点邻域

图 3-20　三维 MCMC 方法中 6 点-7 点邻域和 9 点-10 点邻域示意图

三维数字岩心重构过程如图 3-21 所示，具体描述如下。

（1）构建三维空间中 XY 平面的第一层。该过程与二维随机重构过程类似，第一行第一个点根据岩石 XY 切片图像孔隙度确定，第一行后续点利用 2 点-3 点邻域系统赋值，第二行及后续每一行的第一个点利用 3 点-4 点邻域系统赋值，然后第二行后续的点利用 5 点-6 点邻域系统赋值，直到完成第一层所有点的赋值。

（2）构建三维空间中 XY 平面的第二层。第二层的第一个点利用垂向 3 点-4 点邻域赋值，第一行后续的点采用垂向 5 点-6 点邻域系统赋值，第二行及后续每一行的前两个点采用三维 6 点-7 点邻域系统进行赋值，第二行后续的点采用三维 9 点-10 点进行赋值，第二层其他点采用 15 点邻域系统进行赋值，直到完成第二层所有点的赋值。

（3）第三层及后续所有层的赋值规律与第二层相同，对第三层及其后续层进行遍历扫描赋值，直到完成整个三维体素点的赋值。

（4）对比重构三维数字岩心与 3 个方向切片图像的孔隙度关系，不断调整加权因子，直到满足条件，输出重构的三维数字岩心。

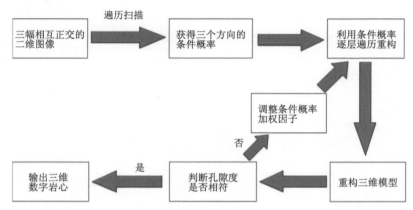

图 3-21　三维 MCMC 法重构三维数字岩心模型流程图

二、MCMC 应用实例

Wu 等（2006）在利用 MCMC 重建三维模型中，使用三阶马尔可夫网格，并引入一种新算法，改进了 MCMC 算法的计算问题。他们改进的方法涉及复杂的多体素交互方案（高阶邻域系统），以生成与输入数据匹配的结构特征，并且利用该方法模拟建立了多种非均质岩石材料的数字化重构模型。图 3-22 显示了 3 个互相垂直的二维薄片图像及重构的三维孔隙结构模型，其中黑色表示孔隙空间。然后，他们应用 Lattice-Boltzmann 方法计算了模型的渗透率参数，结果证明与原始样品的测量值一致。

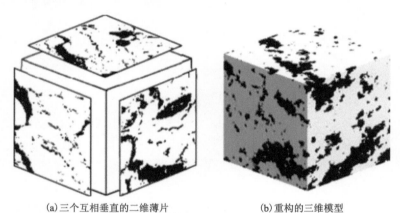

(a)三个互相垂直的二维薄片　　　　　(b)重构的三维模型

图 3-22　基于 MCMC 法重构非均质土壤材料三维模型（Wu et al.，2006）

碳酸盐岩通常表现出较强的非均质性，孔隙大小在多个数量级发生变化，如何建立此类具有多尺度孔隙特征岩石的数字化模型是一个具有挑战性的工作。Yao 等（2013）提出一种混合叠加方法来构建碳酸盐岩数字岩心，该方法基于模拟退火法和马尔科夫链-蒙特卡洛法的混合。首先，采用扫描电子显微镜采集不同分辨率二维碳酸盐岩薄片图像，低分辨率图像显示大孔特性，高分辨率图像显示微孔特性，提取孔隙结构信息作为建模输入。利用模拟退火法重建数字岩石的大孔隙空间，利用马尔科夫链-蒙特卡洛法重建微孔隙结构，然后叠加构造碳酸盐岩数字岩心。图 3-23 显示了利用两种方法分别构建的三维孔隙空间图像及混合后孔隙空间图像。在此基础上,他们采用孔隙空间微观结构分析方法和格子玻尔兹曼方法分析了孔隙结构和流动特性。结果表明,该混合叠加法结合了模拟退火法和马尔科夫链-蒙特卡洛法的优点,能够以较少的计算时间重建具有更好形态特性的数字岩石。

(a)模拟退火法构建大孔隙结构　　(b)马尔科夫链-蒙特卡洛法构建小孔隙结构　　(c)混合法三维模型

图 3-23　混合法构建碳酸盐岩三维数字岩心模型(Yao et al.,2013)

三、MCMC 优缺点

MCMC 构建三维数字岩心速度快,孔隙空间连通性好,模型结果适用范围广,可建立各向异性模型,几乎适用于所有类型岩石的三维重建(王晨晨,2013;聂昕,2014;Nie et al.,2016;聂昕等,2021)。另外,由于邻域模板大小有限,重构模型受二维图像孔隙结构复杂性和图像大小影响较大。当二维图像规模不大时,重构三维模型与二维图像孔隙度较为符合,当二维图像规模较大时,重构三维模型与二维图像差异较大,结果符合度偏差较高。该方法重建模型具有一定随机性,3 个方向的二维图像对重构三维数字岩心影响较大。此外,对于孔隙结构复杂性很高的岩石,该方法建模结果存在一定不足,重建数字岩心各向异性关系弱,这是因为该技术假设任何点的状态值仅取决于几个相邻点的状态,而与该点相距较远的体素点被忽略,导致长距离关系差,最终产生弱各向异性(Zhu et al.,2019)。通过 MCMC 算法重建的三维数字岩心与真实数字岩心较为匹配,但该方法对于复杂孔隙结构的岩石重建仍然存在一定不足。

第五节　过　程　法

在漫长的形成过程和复杂的地质环境中,岩石通常经历极其复杂的物理、化学和生物作用,这一系列变化很难用数学或物理公式进行准确定义,但是为了建立与沉积岩石具有相似孔隙特征的模型,研究者提出模拟沉积岩石形成过程的方法,即过程法(Process-Based Method,PBM)。该方法概括为 3 个基本过程:沉积过程、压实过程和成岩过程。它的核心建模思想概括为:首先利用不同形状的颗粒模拟岩石矿物碎屑颗粒,逐个颗粒沉积稳定以实现沉积过程;然后在不同方向上对颗粒位置进行移动和变换,以模拟压实过程;最后通过模拟溶蚀、胶结等成岩作用,实现三维数字岩心模型构建(刘洋,2007;朱伟,2020)。过程法建立的数字岩心与真实岩心相比,在许多特征上表现出相似性(如孔隙度、连通性、两点相关函数等),能够较好地表征孔隙结构特征(闫国亮等,2013)。

一、过程法基本原理

获得数字岩石微观结构的一种有效方法是模拟岩石的形成过程。Bakke 和 Øren(1997)总结过程法基本原理,描述为 3 个主要步骤:沉积、压实和成岩作用。从岩石的二维薄片图像中获得的孔隙度、粒度分布、两点相关函数和泥质含量等基本信息作为建模的输入参数。利用数学算法和计算机技术模拟岩石形成过程,得到反映微观孔隙结构的数字岩心模型(Bakke and Øren,1997;Øren and Bakke,2002)。

本书作者开发了三维过程法重构代码,并在 MATLAB 软件上运行。图 3-24 显示了过程法重建数字岩心的过程。沉积模拟的第一步是设置粒度分布和沉积面积,图 3-24(a)显示了从砂岩中获得的粒度分布曲线。颗粒直径根据分布曲线进行选择,沉积面积根据颗粒直径分布和所需的模型大小进行设置。第二步,确定颗粒的最稳定位置,只有在前一个颗粒下落并稳定后,才沉积新的颗粒。当所有颗粒完成沉积并满足稳定条件,即得到沉积模型。第三步,对稳定沉积模型进行二值化,其中颗粒骨架用黑色表示,孔隙空间用白色表示[图 3-24(c)]。最后,进行压实、溶蚀、胶结等过程模拟,从而获得不同孔隙度和孔隙结构特征的三维模型。

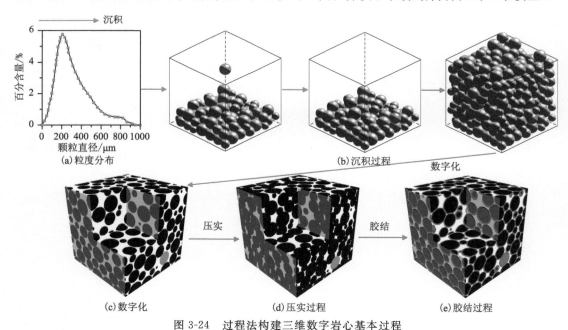

图 3-24 过程法构建三维数字岩心基本过程

1. 沉积过程模拟

沉积过程指的是在地质环境中,碎屑颗粒在达到沉积稳定状态时,发生聚集沉降并具有一定结构特征的过程。通过设置沉积和边界条件,利用不同形状和直径的颗粒,使这些颗粒沉降并发生相互作用,从而模拟沉积过程。该过程基于计算机编程实现,在具体开展模拟时,需要对建模条件做进一步假设。

1) 沉积颗粒直径确定

在开展沉积模拟前,需要获取沉积颗粒直径参数,颗粒直径分布对模型构建具有重要影响。常用的方法是利用扫描仪获取岩石薄片图像,通过图像分析得到粒度分布曲线。通过传统实验方法也能得到岩石颗粒的分布信息,如筛析法、沉降法等。此外,可以根据研究需要设定粒度分布函数,以模拟得到满足需求的三维数字岩心。图 3-25 为某砂岩岩心通过传统实验方法获得的粒度概率分布曲线和粒度累积概率分布曲线。

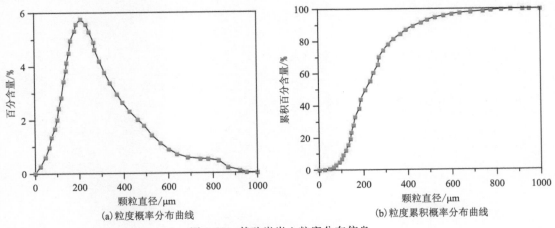

(a) 粒度概率分布曲线　　　　　(b) 粒度累积概率分布曲线

图 3-25　某砂岩岩心粒度分布信息

2) 沉积过程基本假设

碎屑颗粒物在各种地质环境中的实际沉积过程是极其复杂的,会受到各种力的作用,如重力、浮力、摩擦力和弹力等,想要完全准确复制这一过程是相当困难的。过程法沉积过程模拟不试图精确重现极其复杂的各种地质作用,而是模拟实现颗粒的最终沉积状态。因此为了实现该过程的数值模拟,提高建模速度,并且不影响最终结果的准确性,需要对实际复杂的沉积过程作出假设:①沉积碎屑颗粒的直径基于岩石实验获得的分布或者基于设定的分布函数,颗粒的形状为球形;②沉积区域长 X_r、宽 Y_r、高 Z_r 有一定的范围,颗粒小球的初始沉积位置是随机的;③待下落沉积的小球不与已沉积稳定的所有颗粒发生碰撞;④颗粒小球在沉降过程中,只受到垂向重力作用的影响;⑤颗粒小球在寻找稳定位置时,运动方向为重力梯度变化最大的方向;⑥颗粒小球的形状在外力作用下不发生变形;⑦颗粒小球达到最终稳定状态后,其三维位置保持固定不变;⑧颗粒小球按照粒度分布曲线随机沉积,颗粒按照逐个沉积稳定的原则进行。

在开展沉积过程模拟时,假设不规则碎屑颗粒为规则的小球,在一定程度上简化了颗粒的形状,并且对建模的精确性存在一定的影响。但是,Coelho 等(1997)对不同形状颗粒建模进行了深入研究,发现利用该方法建立三维数字岩心的基本性质(如孔隙度、孔隙连通性、渗透率和弹性等)并没有因为颗粒形状的不同而产生明显差异,即以颗粒小球表示实际颗粒建立的三维数字岩心表征了真实岩心的孔隙结构特征,并且能够应用该模型进行物理属性数值模拟研究。

3）沉积颗粒平衡位置

在沉积过程模拟中，需要确定每个颗粒的稳定平衡位置，整个模型的平衡稳定取决于每个颗粒小球的稳定，因此确定颗粒平衡位置是沉积模拟的关键。图 3-26 显示了 4 种沉积颗粒平衡稳定状态，图中蓝色小球表示已经沉积稳定的颗粒，颗粒的位置假设为 $A(x_a,y_a,z_a)$、$B(x_b,y_b,z_b)$ 和 $C(x_c,y_c,z_c)$；红色小球表示正在下降稳定的颗粒，按照颗粒接触的方式和类型，分为底面平衡、单球平衡、双球平衡和三球平衡。假设沉积区域为确定的范围，X_r、Y_r、Z_r 分别表示沉积区域的长、宽、高，下面给出 4 种平衡状态中红色小球的坐标位置表示方法。

图 3-26(a)表示底面平衡，三维坐标位置表示为

$$R \leqslant x \leqslant X_r - R, R \leqslant y \leqslant Y_r - R, z = R \tag{3-35}$$

图 3-26(b)表示单球平衡，三维坐标位置表示为

$$x = R, y = y_a, z = R + \sqrt{(R+R_a)^2 - (x_a - x)^2} \tag{3-36}$$

图 3-26(c)表示双球平衡，三维坐标位置表示为

$$x = R, y_b \leqslant y \leqslant y_a, 0 \leqslant z \leqslant Zr - R \tag{3-37}$$

图 3-26(d)表示三球平衡，3 个支撑颗粒中心连线组成平面的中心法线通过球心。

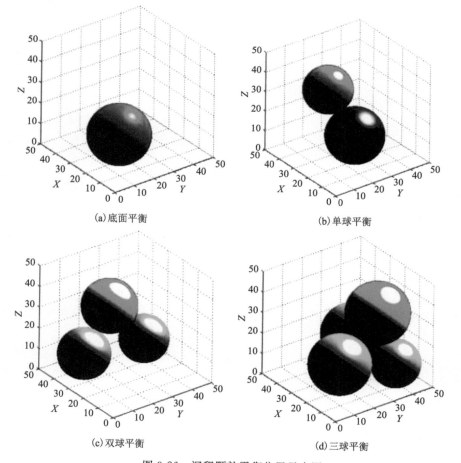

(a)底面平衡　　　　　　　　　　　　(b)单球平衡

(c)双球平衡　　　　　　　　　　　　(d)三球平衡

图 3-26　沉积颗粒平衡位置示意图

4) 沉积过程主要步骤

利用计算机编程,能够实现沉积过程的模拟,计算出每一个小球的稳定位置,即可算出所有小球的三维稳定位置。虽然已知 4 种颗粒小球的稳定状态,但是如何准确计算该过程仍然是一个挑战。传统上,首先随机选取颗粒小球下降的平面坐标位置,使颗粒降低直至与已沉积稳定的颗粒接触,然后不断追索小球的滚动(运动)轨迹,运动方向为重力梯度减小最快的方向,最后判断小球是否达到稳定状态,该过程需要不断的追索路径和判断平衡条件,因此该方法存在建模思路不清晰、算法编程较难、计算速度慢等缺点。如何准确且快速地计算出每个颗粒的稳定位置是整个沉积过程模拟的关键,通过不断追索颗粒路径的思路显然不是有效的方法。因此,研究者们提出了新的方法,该方法可以简述为:将所有已沉积颗粒的半径值加上待沉积颗粒的半径值,所有已沉积颗粒得到一个新的半径值,标记出所有颗粒新半径外表面的交点,找出在球外并且坐标位置最低的交点即为待沉积颗粒的中心坐标位置。为了清楚表述该方法的具体过程,通过二维模型进行说明,如图 3-27 所示。

(1) 首先输入颗粒直径分布、边界条件、沉积区域、剖分精度等参数。颗粒直径分布获取于岩石粒度分布或特定分布函数,边界条件 X_r、Y_r、Z_r 分别为沉积区域的长、宽、高。沉积区域剖分精度越高,颗粒沉积位置计算越精确,但是计算时间将增加。

(2) 首颗小球开始沉积并且满足底面平衡,三维坐标位置表示为

$$X = R + p(X_r - 2R) \tag{3-38}$$
$$Y = R + p(Y_r - 2R) \tag{3-39}$$

式中:R 为颗粒小球的半径值;p 为 $[0,1]$ 均匀分布中随机选取的数;X 为沉积底面的横坐标;Y 为沉积底面的纵坐标;$Z = R$,Z 为三维沉积区域的垂向坐标。

(3) 颗粒小球一个接一个沉积,图 3-27(a)中黑色小球表示已沉积颗粒,红色小球表示待沉积颗粒。设 (X_i, Y_j) 为待沉积颗粒平衡稳定后的平面坐标,$Z_{ij\max}$ 为待沉积颗粒平衡稳定后的垂向坐标。将所有已沉积颗粒的半径加上待沉积颗粒的半径 R,得到新扩大的半径,并且将待沉积小球缩减为一个点,如图 3-27(b)所示。当待沉积颗粒为底面平衡时,$Z_{ij\max} = R$;当待沉积颗粒为其他平衡时,找出所有扩大半径后小球的交点,并进一步判断交点是否位于球外,标记出这些交点,如图 3-27(c)所示。在球外并且坐标位置最低的交点即为待沉积颗粒的中心坐标位置,即可得到待沉积颗粒的三维坐标 $(X_i, Y_j, Z_{ij\max})$,如图 3-27(d)所示。

(4) 待沉积小球找到平衡位置后,将其半径恢复,如图 3-27(e)所示,然后开始沉积下一个颗粒。

(5) 当颗粒填充满沉积区域时,即完成沉积过程,如图 3-27(f)所示。

2. 压实过程模拟

碎屑颗粒沉积稳定后,在复杂的地质环境中,会发生一系列物理、化学和生物作用,压实作用是沉积稳定后发生的重要作用之一。在上覆地层的重力作用下,已沉积稳定的颗粒将受到压力作用发生旋转、变形和移动等变化,从而使岩石的孔隙度、孔隙结构及物理性质等发生变化。由于地质环境和碎屑矿物多种多样,实际岩石的压实过程极其复杂,从时间到空间都

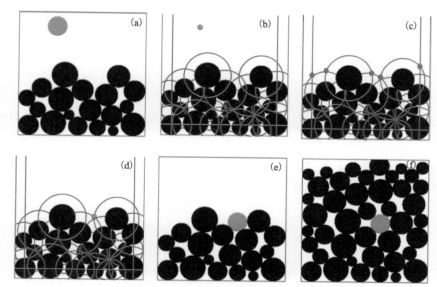

图 3-27 颗粒沉积过程示意图

对压实作用产生影响,要想利用公式准确描述该过程是十分困难的。总的来看,对压实作用的影响因素可以分为外因和内因。外因方面,压实作用受到上覆压力、流体浮力、温度、时间等因素的影响,随着上覆地层变厚,压力作用越来越大,对碎屑颗粒压实越明显;孔隙空间中流体存在向上作用力时,会对碎屑颗粒产生一定浮力;随着温度和时间的增加,也会对压实作用产生一定影响。内因方面,碎屑矿物颗粒的种类、形状、分布及泥质含量等都会影响压实作用,当硬度和密度较大的矿物颗粒含量较多时,压实过程表现不明显,反之亦然;矿物颗粒的形状越不规则,压实作用越不明显;颗粒分布越集中,存在的孔隙空间越多,压实效果表现越明显;泥质的硬度较小,其含量越高,压实作用越明显。这些内因和外因共同影响岩石的压实作用,经过压实作用,岩石通常表现出孔隙度减小、密度和硬度增大、孔隙连通性减弱、弹性模量增大等特征。基于数学方法编写程序,以模拟压实作用产生的效果,称为压实过程模拟。压实过程模拟不是再现颗粒的变形和旋转,而是根据设定的压实量使颗粒发生平移并部分重叠,孔隙度减小。模拟过程中需要对颗粒小球做出一些理想化的假设:①颗粒为严格的刚性体,其体积和形状在压实作用中不产生变化;②每个颗粒的三维坐标,只有垂向坐标发生变化。

Bakke 和 Øren(1997)将压实过程描述为每个颗粒垂直向下移动,移动量与原始垂直位置 Z_0 成比例,具体公式如下:

$$Z_1 = Z_0(1-\lambda) \tag{3-40}$$

式中:Z_1 为新的垂直坐标;Z_0 为原始垂直坐标;λ 为控制压实度的压实因子,λ 在 0 和 1 之间变化。

3. 成岩过程模拟

岩石在形成过程中,经历着一系列的作用,除了沉积作用和压实作用外,成岩作用是另一个对岩石性质影响较大的过程(黄丰,2007)。在复杂的地质环境中,成岩过程通常包括矿物胶结、颗粒溶蚀、矿物交代和重结晶等作用,这些作用对岩石矿物组成及结构构造产生重大影响,进而对岩石的孔隙度、孔隙结构、连通性、弹性等物理性质产生影响,并最终影响储层油气的储存和运输性质。

胶结作用是成岩过程中重要的方式之一,对最终岩石的性质具有较大的影响,因此研究胶结作用对数字岩心建模具有重要意义。胶结作用指的是在原始颗粒表面或孔隙空间中胶结不同类型和形态的胶结物,使分散的颗粒更紧密的固结在一起,其中石英、方解石和泥质是几种常见的胶结物。胶结作用很大程度上改变了岩石的物理性质,因此在孔隙结构表征研究中,需要对胶结作用进行深入研究,以建立不同胶结类型的三维数字岩心。成岩过程模拟不是再现各种胶结物的形成过程,而是直接在颗粒表面附着不同形态、不同类型的胶结物。

为了实现胶结作用,研究者们提出和改进了许多模型。Roberts 和 Schwartz(1985)介绍了颗粒均匀固结模型,通过球体均匀生长来模拟胶结过程。他们深入研究了立方体中规则排列球体均匀胶结过程,以及建模过程中孔隙度和渗流性质的变化。通过逐渐增加球体的半径来模拟均匀胶结过程,当球体半径增大为初始值的 $3^{1/2}$ 倍时,孔隙度由初始的 0.48 减小至最终孔隙度 0。此外,孔隙度为 0.034 9 是整个模型渗流的极限状态,即孔隙度小于该值,模型处于封闭状态,流体不能在其中流动。胶结物沿颗粒表面一致增长的均匀胶结类型表述为

$$R_1 = R_0(1+\delta) \tag{3-41}$$

式中:R_1 为胶结后的颗粒半径;R_0 为原始颗粒半径;δ 为控制颗粒胶结厚度的胶结因子。

均匀胶结模型是一种理想化的胶结方式,没有考虑到颗粒表面胶结的方向性问题。Schwartz 和 Kimminau(1987)考虑了胶结过程中的方向性,提出交替增长方法,该方法表示为

$$R(r) = 1 + \min(\alpha \Delta^\beta | \Delta) \tag{3-42}$$

式中:$R(r)$ 为 r 方向上的胶结层厚度;$\min(x|y)$ 为选取 x 和 y 中的较小者;α 为控制胶结量因子;β 为控制胶结方向因子。

由于 Schwartz 和 Kimminau(1987)提出的胶结方法没有考虑颗粒直径对胶结作用的影响。Jin 等(2003)在胶结过程中考虑了硅石胶结增生率和颗粒大小,并总结了比较完整的公式来控制颗粒胶结的方向和增长量:

$$\Delta(r) = \left(\frac{\overline{R}}{R_0}\right)^\alpha \min[kl\,(r)^\beta | l(r)] \tag{3-43}$$

$$\Delta(r) = L(r) - R_0 \tag{3-44}$$

式中:$\Delta(r)$ 为 r 方向上的胶结层厚度;$\overline{R}$ 为颗粒平均半径;$l(r)$ 为 r 方向上颗粒表面到多面体表面的距离;α 为颗粒大小对胶结影响的参数;β 为孔隙结构对胶结影响的参数;R_0 和 $L(r)$ 分别为胶结前、后颗粒直径。

数字岩心通常由固体骨架和孔隙空间两部分组成,固体骨架部分又包括颗粒骨架、胶结物、泥质等,孔隙空间通常又可以分为孔隙和喉道,其中孔隙表示孔隙空间中较大的区域,喉道表示细长狭小的连通区域。由公式(3-43)可以看出,参数 α 和 β 控制着胶结作用的倾向性,对模型结果具有重要影响。参数 α 控制着颗粒直径对胶结作用的影响,当 $\alpha > 0$ 时,小颗粒表

面被胶结物优先胶结;当 $\alpha=0$ 时,颗粒大小对胶结作用无影响;当 $\alpha<0$ 时,大颗粒表面被胶结物优先胶结。此外,参数 β 控制着孔隙空间特征对胶结作用的影响,当 $\beta>0$ 时,较大的孔隙空间(即孔隙)方向被胶结物优先胶结;当 $\beta=0$ 时,孔隙空间特征对胶结作用无影响;当 $\beta<0$ 时,较小的孔隙空间(即喉道)方向被胶结物优先胶结,图 3-28 显示了参数 β 对胶结作用的影响规律示意图。参数 β 控制着胶结作用的方向性,对孔隙结构特征有很大影响。应用过程法建立数字岩心,胶结过程的模拟和建模对分析孔隙结构特征和物理属性具有重要作用。

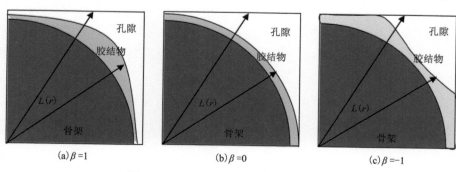

图 3-28　不同 β 条件下胶结增长示意图

二、过程法三维模型

通过定量改变过程法建模过程中的参数,例如沉积颗粒的直径分布、压实和胶结作用中的相关参数,能够建立不同孔隙结构的三维数字岩心。分析这些岩心孔隙结构与岩石物理属性之间的定量关系,能够为实际岩石微观孔隙结构和宏观属性之间关系的研究提供参考,并且能够为岩石物理和测井研究提供新的模型。

为了开展数字岩心孔隙结构表征以及岩石物理属性模拟,首先需要构建满足研究需要的三维数字岩心模型,利用过程法,能够简单、方便地建立逐渐变化的不同孔隙度和不同孔隙结构的数字岩心模型。设置所有过程法岩心模型的沉积范围均为 $2000~\mu m \times 2000~\mu m \times 2000~\mu m$,为了在分析模型时减少边界效应,使用沉积区域中心 $1600~\mu m \times 1600~\mu m \times 1600~\mu m$ 的位置作进一步的处理和分析。

首先,在沉积过程模拟中,通过设置不同颗粒直径分布的沉积颗粒,构建不同沉积颗粒的数字岩心,建模参数如表 3-1 所示。颗粒粒径种类数量随着编号增加逐渐增加,不同直径的颗粒满足均匀分布(即不同半径颗粒的数量是相等的),例如 A3 子模型的沉积颗粒半径在 $90~\mu m$、$95~\mu m$ 和 $100~\mu m$ 的均匀分布中随机选取。

在描述岩石颗粒粒度方面,研究学者提出不同的方法或参数,常用的参数有平均值、中位数、众数等,这类参数主要是评价颗粒的粒径。此外,颗粒分选性是整体评价颗粒粒度比较有效的方法,分选性从粒度的整体分布情况分析,参数有平均值、标准差、绝对偏差等。为了更准确地评价颗粒粒度信息,许多学者在分选性方面作了深入研究(Trask,1933;Krumbein,1936)。其中,利用分选系数 S(变化系数)来分析粒度的分选性质是最常用的方法之一,分选系数表示为颗粒标准差与平均值的比值,也可以看作是颗粒分布标准差的归一化表示(Sohn

表 3-1 过程法沉积过程建模参数及岩心模型性质分析

岩心模型 A(松散堆积模型)				
编号	颗粒半径/μm	平均半径 $E/\mu m$	分选系数 S	孔隙度
A1	$R=100$	100.0	0	0.402 801
A2	$R=100,95$	97.5	0.025 641	0.404 748
A3	$R=100,95,90$	95.0	0.042 974	0.394 705
A4	$R=100,95,90,85$	92.5	0.060 434	0.398 238
A5	$R=100,95,90,85,80$	90.0	0.078 567	0.395 601
A6	$R=100,\cdots,75$	87.5	0.097 590	0.393 652
A7	$R=100,\cdots,70$	85.0	0.117 647	0.388 703
A8	$R=100,\cdots,65$	82.5	0.138 866	0.386 537
A9	$R=100,\cdots,60$	80.0	0.161 374	0.384 360
A10	$R=100,\cdots,55$	77.5	0.185 308	0.383 217
A11	$R=100,\cdots,50$	75.0	0.210 819	0.379 318
A12	$R=100,\cdots,45$	72.5	0.238 073	0.373 978
A13	$R=100,\cdots,40$	70.0	0.267 261	0.371 195
A14	$R=100,\cdots,35$	67.5	0.298 602	0.366 455
A15	$R=100,\cdots,30$	65.0	0.332 346	0.366 393

and Moreland,1968),S 越小表示颗粒分布越集中,分选性越好;S 越大表示颗粒分布越分散,分选性越差,分选系数 S 定义为

$$S=\sigma/E \tag{3-45}$$

式中:σ 为颗粒大小的标准差;E 为颗粒大小的平均值。

然后,以岩心模型 A 中的子模型 A10 为初始模型,基于公式(3-40),通过设置不同的压实因子 λ,构建了包含 32 个子模型的岩心模型 B,该岩心模型在成岩过程中只模拟了压实作用,即只考虑了压实作用对其的影响,因此也称为压实模型 B。同样,以岩心模型 A 中的子模型 A10 为初始模型,基于公式(3-41),通过设置不同的胶结因子 δ,构建了包含 28 个子模型的岩心模型 C,该公式所建立的数字岩心模型具有胶结物沿颗粒表面均匀胶结的特征,因此也称为均匀胶结模型 C。岩心模型 B 和岩心模型 C 的建模参数及孔隙度统计信息如表 3-2所示。同时,三类岩心模型 A、B、C 的孔隙度随岩心编号的变化曲线如图 3-29 所示。

最后,基于式(3-42)和式(3-43)可以构建更为复杂的胶结类型,建立孔隙结构更为复杂的三维数字岩心,但是直接基于这些公式来实现复杂胶结过程是比较困难的,利用数学形态学方法能够实现该模拟过程,下一节将详细介绍利用数学形态学方法实现不同胶结作用的岩心模型 D 和岩心模型 E。

表 3-2　过程法压实和胶结过程建模参数及岩心模型孔隙度

岩心模型 B(压实模型)			岩心模型 C(均匀胶结模型)		
编号	建模参数压实因子 λ	孔隙度	编号	建模参数胶结因子 δ	孔隙度
B1	$\lambda=0$	0.383 217	C1	$\delta=0$	0.383 217
B2	$\lambda=0.02$	0.370 674	C2	$\delta=0.01$	0.364 662
B3	$\lambda=0.04$	0.358 560	C3	$\delta=0.02$	0.346 266
B4	$\lambda=0.06$	0.346 672	C4	$\delta=0.03$	0.328 039
B5	$\lambda=0.08$	0.334 350	C5	$\delta=0.04$	0.310 154
B6	$\lambda=0.10$	0.322 076	C6	$\delta=0.05$	0.292 541
B7	$\lambda=0.12$	0.310 864	C7	$\delta=0.06$	0.275 239
B8	$\lambda=0.14$	0.296 609	C8	$\delta=0.07$	0.258 381
B9	$\lambda=0.16$	0.282 349	C9	$\delta=0.08$	0.242 021
B10	$\lambda=0.18$	0.270 032	C10	$\delta=0.09$	0.226 088
B11	$\lambda=0.20$	0.258 971	C11	$\delta=0.10$	0.210 632
B12	$\lambda=0.22$	0.247 331	C12	$\delta=0.11$	0.195 649
B13	$\lambda=0.24$	0.235 596	C13	$\delta=0.12$	0.181 227
B14	$\lambda=0.26$	0.224 088	C14	$\delta=0.13$	0.167 365
B15	$\lambda=0.28$	0.212 863	C15	$\delta=0.14$	0.154 082
B16	$\lambda=0.30$	0.200 896	C16	$\delta=0.15$	0.141 452
B17	$\lambda=0.32$	0.189 202	C17	$\delta=0.16$	0.129 521
B18	$\lambda=0.34$	0.177 562	C18	$\delta=0.17$	0.118 230
B19	$\lambda=0.36$	0.165 967	C19	$\delta=0.18$	0.107 547
B20	$\lambda=0.38$	0.154 529	C20	$\delta=0.19$	0.097 571
B21	$\lambda=0.40$	0.143 478	C21	$\delta=0.20$	0.088 204
B22	$\lambda=0.42$	0.132 312	C22	$\delta=0.21$	0.079 504
B23	$\lambda=0.44$	0.121 486	C23	$\delta=0.22$	0.071 402
B24	$\lambda=0.46$	0.110 827	C24	$\delta=0.23$	0.063 843
B25	$\lambda=0.48$	0.100 542	C25	$\delta=0.24$	0.056 860
B26	$\lambda=0.50$	0.090 488	C26	$\delta=0.25$	0.050 376
B27	$\lambda=0.52$	0.080 850	C27	$\delta=0.26$	0.044 484
B28	$\lambda=0.54$	0.071 645	C28	$\delta=0.27$	0.039 045
B29	$\lambda=0.56$	0.063 059			
B30	$\lambda=0.58$	0.054 397			
B31	$\lambda=0.60$	0.046 518			
B32	$\lambda=0.62$	0.039 237			

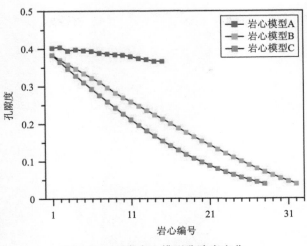

图 3-29 三类岩心模型孔隙度变化

1. 岩心模型 A

通过设置不同的沉积颗粒粒度分布(表 3-1),经过沉积作用模拟,构建了松散堆积岩心模型,其包含 15 个子模型。图 3-30 中(d)、(e)、(f)分别是(a)、(b、(c)经过数字化处理后得到的 3 个子模型,黑色表示岩石骨架,白色表示孔隙空间。从 A1 到 A15,粒径种类逐渐变多,由 1 种粒径逐渐增加到 15 种粒径,每个子模型中不同半径的颗粒满足均匀分布。A1 子模型只含有半径为 100 μm 的一种颗粒,并且平均粒径半径最大,为 100 μm,因此沉积颗粒排列均匀,孔隙空间比较大,孔隙结构比较规则和简单,如图 3-30(a)所示。A15 子模型包含 15 种不同粒径的颗粒,由于细颗粒往往会充填大颗粒之间的孔隙空间,因此模型通常具有更紧密的堆积和更加复杂的孔隙空间结构,如图 3-30(c)所示。只经过沉积过程模拟的岩心模型 A 与 CT 扫描法岩心中人造岩心 SP 类似,反映的是颗粒松散堆积的结果,两者的孔隙结构特征比较相似,在多孔介质建模及属性分析中研究较多,因此研究松散堆积模型的孔隙结构特征是十分必要的。此外,表 3-1 和图 3-29 显示了岩心模型 A 的孔隙度变化,孔隙度有略微减小的趋势,但是变化区间不大。

2. 岩心模型 B

以岩心模型 A10 为初始模型,只改变压实因子 λ,构建了包含 32 个子模型的岩心模型 B(表 3-2)。图 3-31 显示了压实模型的 3 个子模型。从 B1 到 B32,压实因子逐渐增大,颗粒之间发生压实和重叠,孔隙空间不断被压缩,孔隙结构的复杂性和不均匀性有所变化。然而,每个颗粒的粒径没有变化,颗粒表面的曲面形态没有变化,单个颗粒的复杂性没有变化。图 3-29 显示了岩心模型 B 的孔隙度变化,与岩心模型 A 的孔隙度变化有很大不同,岩心模型 B 随着压实因子的增大,孔隙度出现急剧变小,由 0.383 217 减小到 0.039 237,孔隙度减小了 89.76%,说明压实作用能有效地、逐渐地减小模型的孔隙度。

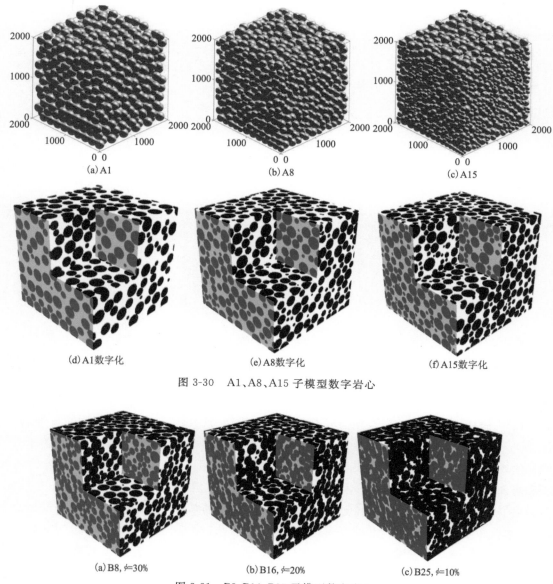

(a)A1　　　　　　　　(b)A8　　　　　　　　(c)A15

(d)A1数字化　　　　　(e)A8数字化　　　　　(f)A15数字化

图 3-30　A1、A8、A15 子模型数字岩心

(a)B8, $\phi=30\%$　　　　(b)B16, $\phi=20\%$　　　　(c)B25, $\phi=10\%$

图 3-31　B8、B16、B25 子模型数字岩心

3. 岩心模型 C

同样以岩心模型 A10 为初始模型,只改变胶结因子 δ,构建了包含 28 个子模型的岩心模型 C。图 3-32 显示了岩心模型 C 的 3 个子模型。从 C1 到 C28,胶结因子逐渐增大,胶结物在颗粒表面均匀增长,颗粒发生接触和重叠,孔隙空间不断减少,孔隙结构的复杂性和不均匀性不断变化。此外,相比于岩心模型 B,不同的是每个颗粒的粒径逐渐增大,颗粒表面的曲面曲度逐渐变小,由此造成每个颗粒的复杂程度有所减小。图 3-29 显示了岩心模型 C 的孔隙度变化,与岩心模型 B 类似,岩心模型 C 随着胶结因子的增大,孔隙度出现急剧变小,由初始模

型孔隙度 0.383 217 减小到 0.039 045,孔隙度减小了 89.81%,说明胶结作用能有效地、逐步地改变模型孔隙度和孔隙空间结构。

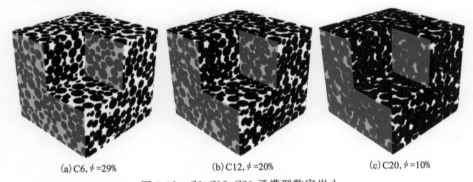

(a) C6, ϕ =29%　　(b) C12, ϕ =20%　　(c) C20, ϕ =10%

图 3-32　C6、C12、C20 子模型数字岩心

　　总的来说,通过沉积、压实和胶结过程模拟,构建了孔隙度和孔隙结构复杂程度逐渐变化的 3 类模型,为后续孔隙结构表征研究提供三维数字岩石模型。

第六节　数学形态学法

　　20 世纪 60 年代,Serra 等在研究岩石特征中提出"击中/击不中"概念,之后对该方法进行深入研究,进一步从数学上定义表达式,并称为数学形态学方法(Serra,1982)。数学形态学方法(Mathematical Morphology)经过众多研究者的补充和改进,发展到今天,该方法在处理二维或三维数字图像领域具有重要作用。将基于过程的技术与数学形态学相结合,通过胶结模拟建立具有不同类型孔隙结构特征的数字岩心模型。首先介绍了数学形态学方法原理,然后基于数学形态学模拟胶结方法以定向和定量改造初始模型的孔隙结构,并且模拟不同含水饱和度下油水在数字岩心孔隙空间中的分布状态。该方法建模过程灵活方便,建模参数可以定量调整,生成孔隙结构定量可控的数字岩心模型。

一、数学形态学基本原理

　　数学形态学由一系列形态学算法组成,通过这些算法能够有效地处理和分析形态学问题,一系列算法归根结底都是四种常用算法的延伸,这四种算法包括膨胀算法、腐蚀算法、开运算和闭运算(任获荣,2004)。事实上,最基本的算法是膨胀算法和腐蚀算法。以这两种最基本的算法为基础,通过构建不同算子、选取不同对象、组合各类算法,能够建立更为广泛的数学形态学运算(刘姝,2006),进而解决各类形态学问题,例如图像的边缘检测(王慧锋等,2009;赵慧,2010)、形态分类(余莉,2005)、模式识别、恢复重建、压缩和滤波(王树文等,2004;张艳玲等,2007)等。在数字岩心建模领域,该方法能够对三维数字岩心(图像)进行边缘检测和特征识别等处理,进而建立更加复杂的数字岩心。

1. 膨胀运算

设集合 A 和 B 属于集合 Z^2，如 A 被 B 膨胀，则表示膨胀算法 $A \oplus B$：

$$A \oplus B = \{x \mid (\hat{B})_x \bigcap A \neq \varnothing\} \tag{3-46}$$

式中：$\oplus$ 为膨胀算子，表示一种形态学运算符号；$\varnothing$ 为空集；x 为平移距离；$\hat{B}$ 为集合 B 的映射。

该公式表示集合 A 被集合 B 膨胀，可进一步解释为集合 B 通过映射得到 $\hat{B}$，该映射被平移 x 距离，平移之后的集合与集合 A 相交，两者之间的交集不等于非空集。集合 B 表示结构算子，在数学形态学中不同的结构算子能够实现不同的运算功能，因此该结构算子具有重要作用。

膨胀运算以数学定义的形式表示，对于理解其含义仍然不清晰，通过简单图像的膨胀运算演示可以更好地理解膨胀运算的过程和实质，如图 3-33 所示。图 3-33(a)表示初始集合 A，为一个边长等于 d 的正方形；图 3-33(b)表示集合 B，即结构算子，通常也称为结构元素，集合 B 为边长等于 $d/4$ 的小正方形，并且该结构算子 B 与其映射 $\hat{B}$ 等价；图 3-33(c)中的虚线和实线分别表示初始集合 A 和膨胀运算之后的集合 A。该实线的物理意义表示为：如果结构算子 B 平移距离 x 后，其与集合 A 的交集将为空集。此外，图 3-33(d)为另一个结构算子 B，该算子对初始集合 A 进行膨胀，得到的集合 A 如图 3-33(e)中的实线部分。从中可以看出，定义不同的结构算子，得到不同的结果。

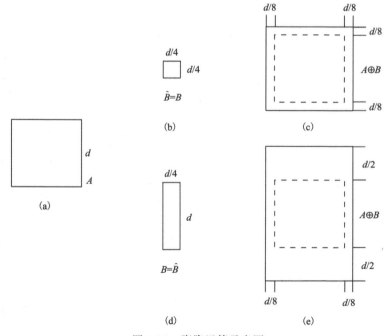

图 3-33　膨胀运算示意图

2. 腐蚀运算

设集合 A 和 B 属于集合 Z^2，如 A 被 B 腐蚀，则表示腐蚀算法 $A\ominus B$：

$$A\ominus B = \{x \mid (B)_x \subseteq A\} \tag{3-47}$$

式中：$\ominus$ 为腐蚀算子，表示一种形态学运算符号；x 为平移距离。该公式表示集合 A 被集合 B 腐蚀，集合 B 被平移 x 距离，平移之后的集合包含于集合 A。

与膨胀运算类似，图 3-34 表示简单图形腐蚀运算示意图。图 3-34(a) 表示初始集合 A，为一个边长等于 d 的正方形；图 3-34(b) 表示结构元素 B，为边长等于 $d/4$ 的小正方形；图 3-34(c) 中的虚线和实线分别表示初始集合 A 和腐蚀运算之后的集合 A。该实线的物理意义表示为：如果结构算子 B 平移距离 x 后，其将不完全包含于集合 A。图 3-34(d) 为另一个结构算子 B，该算子对初始集合 A 进行腐蚀，图 3-34(e) 中的实线部分为集合 A 被腐蚀之后的结果。

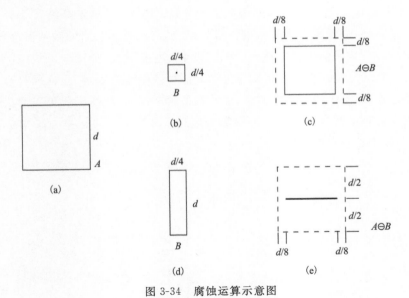

图 3-34　腐蚀运算示意图

3. 开运算和闭运算

膨胀运算和腐蚀运算是形态学运算中两种最基本的运算，以此为基础进行简单地组合，即可得到另外两种常用的运算，即开运算和闭运算。开运算具有对目标对象进行"开"处理的特性，例如消除图像系统噪声、突出毛刺、细长通道等。设有集合 A 和集合 B，如 A 被 B 开运算，则表示 $A\circ B$：

$$A\circ B = (A\ominus B)\oplus B \tag{3-48}$$

式中：$\circ$ 为开运算算子，表示一种形态学运算符号。该公式由两种最基本运算简单组合，表示为集合 A 首先被集合 B 腐蚀，其结果又被集合 B 膨胀。

与开运算定义类似,设有集合 A 和集合 B,如 A 被 B 闭运算,则表示 $A \cdot B$:

$$A \cdot B = (A \oplus B) \ominus B \qquad (3\text{-}49)$$

式中:·为闭运算算子,表示一种形态学运算符号。该公式表示集合 A 首先被集合 B 膨胀,其结果又被集合 B 腐蚀。

　　为了进一步理解开运算和闭运算的计算过程和实质,通过简单图形的处理过程进行说明,如图 3-35 所示。图 3-35(a)表示初始集合 A,为一个典型的二维图形,结构算子 B 为小圆形,具有以圆点为中心完全对称的特征。图 3-35(b)~(e)表示集合 A 被集合 B 进行开运算处理的整个过程。图 3-35(b)表示集合 A 首先被结构算子 B 腐蚀,图 3-35(c)表示腐蚀后的结果。腐蚀运算,结构元素 B 沿着初始图像周围移动一圈,腐蚀掉图像周围半径小于结构元素半径的区域,最终集合 A 图像的中间细长连接通道和右边突出部分已经完全消除。图 3-35(d)表示对腐蚀后的图像再进行膨胀,结构元素沿着目标对象周围进行处理,从而得到膨胀后的图像,如图 3-35(e)所示,其也是整个开运算得到的最终结果。此外,图 3-35(f)~(i)表示集合 A 被集合 B 进行闭运算处理的整个过程。图 3-35(f)表示集合 A 首先被结构算子 B 膨胀,图 3-35(g)表示膨胀后的结果。图 3-35(h)表示对膨胀后的图像再进行腐蚀运算,结构元素沿着目标对象周围进行处理,从而得到腐蚀后的图像,如图 3-35(i)所示,其也是整个闭运算之后得到的最终结果。初始图像经过开运算或闭运算处理,虽然两种运算都经过一次膨胀和腐蚀运算,但是由于顺序的差异,最终结果存在巨大差异,因此可以看出形态学运算不满足传统数学运算中的交换定理。利用数学形态学方法同样可以对三维数字图像进行处理,从而为三维数字岩心建模提供基础。

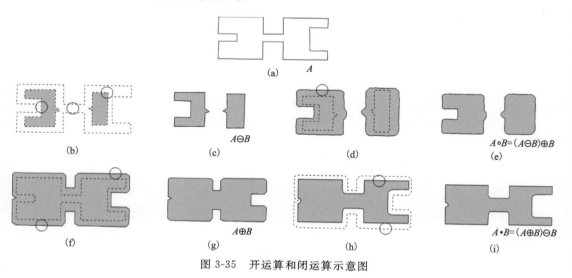

图 3-35　开运算和闭运算示意图

　　为了说明数学形态学对孔隙结构处理原理,图 3-36 显示了随机孔隙形状经历侵蚀-膨胀循环(开运算)的过程,圆表示不同大小的结构元素,黑线表示初始孔隙的形状,红线表示侵蚀后的形状,蓝线表示侵蚀-膨胀循环后的形状。灰色区域是每个循环中识别出的小于结构元素大小的孔隙元素,即原始孔隙减去蓝线定义的对象。图 3-36(a)显示了初始孔隙轮廓,小圆是一次循环中具有固定半径的结构元素,在经过侵蚀后,初始孔隙形状缩小为红线,然后再经过扩张运算,增大为蓝线。经过一次侵蚀-膨胀循环能够识别发现小于结构元素大小的孔隙空间,并达到识别区分粗糙小孔隙、喉道和大孔隙等目的。

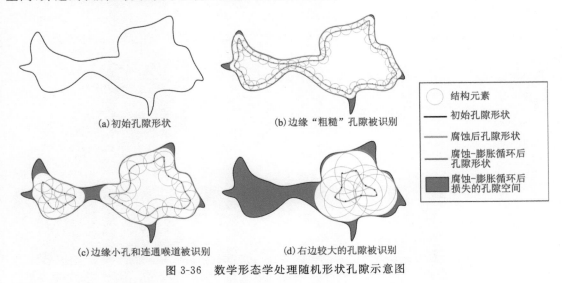

(a)初始孔隙形状

(b)边缘"粗糙"孔隙被识别

结构元素

初始孔隙形状

腐蚀后孔隙形状

腐蚀-膨胀循环后孔隙形状

腐蚀-膨胀循环后损失的孔隙空间

(c)边缘小孔和连通喉道被识别

(d)右边较大的孔隙被识别

图 3-36 数学形态学处理随机形状孔隙示意图

二、基于形态学的数字岩心建模

过程法和数学形态学结合构建不同孔隙结构模型,该建模方法工作流程如图 3-37 所示。该建模方法更关注孔隙空间的定向和定量胶结模拟。图 3-37 显示了该工作流程的 4 个步骤:①过程法建立规则或不规则的谷物包装模型;②形态学算法发现不同定向性胶结位置;③形态学算法在胶结位置上逐渐增加定量胶结物;④形成孔隙度和孔隙形状特征可控的数字多孔介质模型。

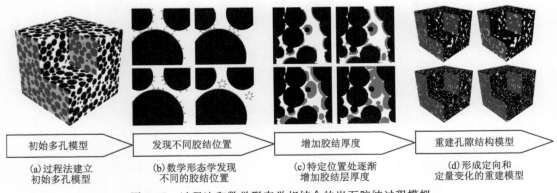

初始多孔模型

发现不同胶结位置

增加胶结厚度

重建孔隙结构模型

(a)过程法建立初始多孔模型

(b)数学形态学发现不同的胶结位置

(c)特定位置处逐渐增加胶结层厚度

(d)形成定向和定量变化的重建模型

图 3-37 过程法和数学形态学相结合的岩石胶结过程模拟

下面通过执行一个建模示例说明建模原理和过程,图 3-38 为基于形态学的孔隙空间定向和定量胶结过程示意图。图 3-38(a)为初始规则球形谷物包装模型,该模型经过二值化,黑色表示谷物颗粒,白色为孔隙空间。选取模型裁剪的小部分以放大观察孔隙结构的变化过程,如图 3-38(b)所示。为了观察定向和定量胶结模拟,切取一个切面[图 3-38(c)],发现不同胶结位置(定向性)对模型最终结果影响巨大,通过确定不同的胶结位置,实现胶结物在孔隙空间中胶结方向的倾向性,如图 3-38(d)中示例 4 个典型的胶结位置。通过基于形态学孔隙空间特征识别,可实现特定位置的识别,原理如图 3-37 所示。最后,在特定位置处定量增加胶结物厚度,模拟胶结物生长[图 3-38(e)],从而建立具有不同孔隙结构特征的三维模型。

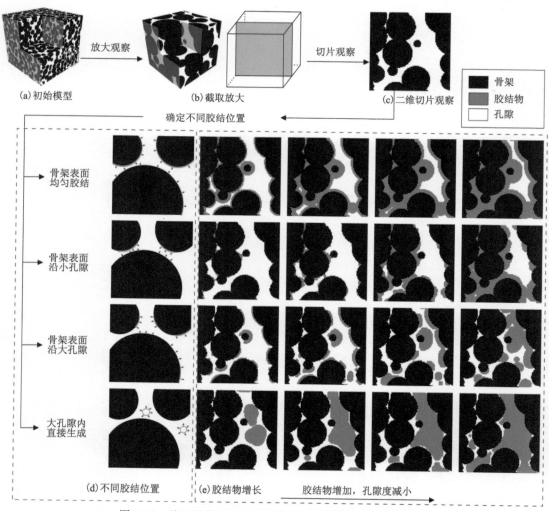

图 3-38　基于形态学的岩石孔隙空间胶结模拟过程示意图

三、数学形态学法三维模型

前面已经对过程法基本原理进行了详细说明,直接利用理论公式(3-42)和公式(3-43)实现比较复杂的胶结成岩作用比较困难,利用理论公式(3-41)实现均匀胶结后,如何实现更为复杂的胶结模型是开展孔隙结构表征和物性预测的重要基础。数学形态学方法可以直接对三维图像进行形态学运算,以模拟多种胶结类型,进而建立更为复杂的三维数字岩心。

把岩石骨架设置为1,孔隙空间设置为0,通过一定的数学形态学计算,能够实现胶结物沿着不同的孔隙空间进行胶结,建模原理如图3-38所示。这里建立两类相对简单的胶结模型,通过闭运算,能够实现胶结物优先沿着小孔隙空间(即喉道)进行胶结。通过一定的数学形态学算法,能够实现胶结物优先沿着大孔隙空间进行胶结。所有压实和胶结过程模拟都统一使用岩心模型 A10 作为初始模型,利用数学形态学方法模拟另外两类胶结岩心模型的孔隙度如表3-3和图3-39所示。

表3-3 数学形态学方法模拟不同胶结类型数字岩心

岩心模型 D (喉道胶结模型)		岩心模型 E (孔隙胶结模型)	
编号	孔隙度	编号	孔隙度
D1	0.383 124	E1	0.380 647
D2	0.362 602	E2	0.360 273
D3	0.345 548	E3	0.357 648
D4	0.334 930	E4	0.346 551
D5	0.317 950	E5	0.311 140
D6	0.293 287	E6	0.286 267
D7	0.279 875	E7	0.277 333
D8	0.259 423	E8	0.255 899
D9	0.241 992	E9	0.249 689
D10	0.230 953	E10	0.217 297
D11	0.208 475	E11	0.202 275
D12	0.180 849	E12	0.181 774
D13	0.165 828	E13	0.174 650
D14	0.133 435	E14	0.152 171
D15	0.105 792	E15	0.141 133
D16	0.071 985	E16	0.123 701
D17	0.036 573	E17	0.103 249
D18	0.022 851	E18	0.089 837
		E19	0.065 175
		E20	0.048 194

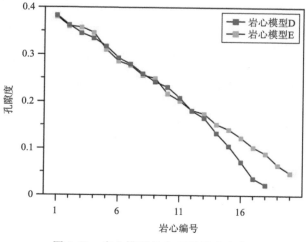

图 3-39　岩心模型 D 和 E 孔隙度变化

1. 岩心模型 D

以岩心模型 A10 为基础,应用闭运算,通过设置不同结构体,构建了包含 18 个子模型的岩心模型 D。图 3-40 显示了模型 D 的 3 个子模型,黑色表示岩石骨架,白色表示孔隙空间,红色表示胶结物,3 个岩心子模型的孔隙度分别为 29%、21% 和 11%。从 D1 到 D18,胶结物最先沿着最小的孔隙空间进行胶结,随后逐渐向较大孔隙空间方向生长,孔隙空间被不断压缩,孔隙度和孔隙结构不断发生变化。胶结物优先沿小孔隙空间(即喉道)胶结意味着流体流动的通道被最先胶结,将不利于流体在孔隙中流动。利用数学形态学算法模拟优先沿小孔隙空间胶结与公式(3-43)实现的胶结结果基本一致。随着胶结物的不断增多,岩心模型 D 孔隙度逐渐变小,如图 3-39 所示。

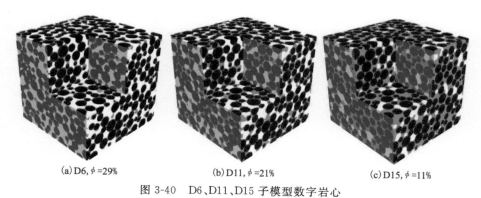

(a) D6, $\phi = 29\%$　　　　(b) D11, $\phi = 21\%$　　　　(c) D15, $\phi = 11\%$

图 3-40　D6、D11、D15 子模型数字岩心

2. 岩心模型 E

首先将整个三维数字体图像设置为 1,减去闭运算结果,再加上初始模型 A10,从而实现胶结物优先沿着大孔隙空间进行胶结生长。通过设置不同的结构体,构建了岩心模型 E。

图 3-41 显示了模型 E 的 3 个子模型,黑色表示岩石骨架,白色表示孔隙空间,红色表示胶结物。从 E1 到 E20,胶结物最先沿着最大的孔隙空间(即孔隙)生成,随后逐渐向较小孔隙空间方向生长,孔隙空间不断减少,孔隙度和孔隙结构不断发生变化。胶结物优先沿大孔隙空间胶结意味着流体储藏空间被最先胶结,但是有利于流体在孔隙空间中流动。随着胶结物的不断增多,岩心模型 E 的孔隙度逐渐减小,如图 3-39 所示。

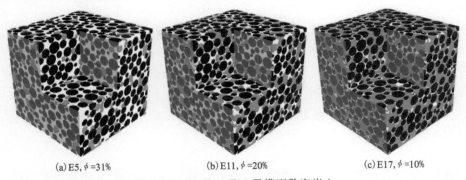

(a) E5, ϕ =31%　　　　(b) E11, ϕ =20%　　　　(c) E17, ϕ =10%

图 3-41　E5、E11、E17 子模型数字岩心

四、基于数学形态学模拟油水分布

实际油气储层孔隙空间通常会存在流体,这些流体通常为油、气和水,三种流体彼此之间不相溶,因此孔隙空间中往往存在多种流体共存的状态。受岩石自身性质和流体性质的共同影响,流体在孔隙空间中具有一定的分布特征。流体及其分布特征影响着储层的地球物理特性,如电性、弹性、波速度等,因此模拟流体在数字岩心中的分布非常重要,是后续属性数值模拟的基础(Andhumoudine et al.,2021)。

模拟多相流体在孔隙空间中的分布状态常用的手段有基于孔隙网络模型的方法和基于数学形态学的方法。孔隙网络模型是表征孔隙空间特征的常用方法,通过孔隙和喉道及其关系来表征数字岩心的孔隙空间,该方法通过不断增加驱排压力,以模拟不同压力下流体进入不同孔隙和喉道的顺序,从而得到多相流体的分布。数学形态学方法是另一种模拟流体分布常用的方法,该方法利用形态学运算直接对三维数字岩心进行处理。

数字岩心建立时,如果只考虑固体骨架和孔隙空间,可以将整个数字岩心只表示为这两部分的组合,这时的数字岩心是一个二值化的三维数字图像,形态学运算能够高效地对数字图像进行处理。为了便于从物理意义上理解形态学方法模拟油水分布,将固体骨架设置为 0,孔隙空间设置为 1,1 表示目标对象,即被运算的集合 A。

图 3-42 显示了不同含水饱和度时油水分布状态的模拟结果,图中黑色部分表示固体骨架,白色部分和红色部分表示孔隙空间中的不同流体。图 3-42(a)表示水湿岩石的初始完全充水状态,此时含水饱和度为 100%,孔隙空间中完全饱和地层水。利用开运算对三维数字岩心进行处理,此时孔隙空间(数字 1 表示)为对象集合,当结构元素很大时,能够对所有的对象集合进行"开"运算,即所有的孔隙空间都被处理消除,假设这些被处理的对象为孔隙空间中的水,此时的状态如图 3-42(a)所示;当结构元素减小一些,但是还较大,此时结构元素已不能

完全对孔隙空间进行开运算处理,较大的孔隙空间不能被处理,较小的孔隙空间能被处理,不能被处理的目标对象表示油,能被处理的小孔隙空间表示水,此时的状态如图3-42(b)所示,模拟的油水分布与实际水湿岩石的油侵结果吻合;结构元素进一步减小以模拟驱替压力进一步增大,当结构元素较小时,此时只能对孔隙空间中小的角落和毛刺部分进行处理,这部分仍然表示水,其他大部分则是油,如图3-42(e)所示;随着结构元素减小到最小,仍然可以处理部分极小的孔隙单元,正好对应了岩石中不能被油完全驱替的束缚水,如图3-42(f)所示。总的来说,油驱压力逐渐增大的过程能够运用结构元素逐渐减小来模拟实现,随着油驱水过程压力的增大,含水饱和度逐渐下降,含油饱和度上升。

此外,油湿岩石的水驱过程也可以通过类似的形态学开运算来模拟,不同的是能够被结构元素处理的孔隙空间表示油,不能被处理的孔隙空间表示为水,正好与水湿岩石的油驱过程相反。通过数学形态学方法,能够建立不同流体分布的三维数字岩心,其是开展采收率模拟和物性模拟研究的基础。

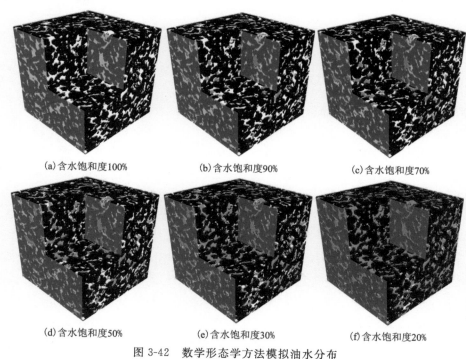

(a)含水饱和度100%　　　　(b)含水饱和度90%　　　　(c)含水饱和度70%

(d)含水饱和度50%　　　　(e)含水饱和度30%　　　　(f)含水饱和度20%

图3-42　数学形态学方法模拟油水分布

第七节　深度学习法

一、研究背景

深度学习是通过建立模拟人脑的信息处理神经结构(神经元)网络来实现对外部输入的数据进行从低级到高级的特征提取,从而能够使机器理解学习数据,完成既定的目标任务。

深度学习的发展历史可以追溯到 19 世纪 40 年代,当时创建了第一个人工神经网络。然而,直到 19 世纪 80 年代,研究人员才开始探索使用具有多个隐藏层的深度神经网络。Rumelhart 等(1986)引入反向传播算法(Back Propagation,BP),这使得高效训练深度神经网络成为可能。这一突破导致人们对深度学习兴趣激增,但由于计算能力和数据可用性限制,进展仍然缓慢。直到 2010 年,深度学习才真正起飞。一个主要因素是 ImageNet 等大型数据集的可用性,使研究人员能够训练深度神经网络以前所未有的精度识别图像中的对象。另一个关键因素是强大的图形处理单元 GPU 的可用性,使得在合理的时间内训练大型神经网络成为可能。Krizhevsky 等(2017)领导的一个研究团队使用名为 AlexNet 的深度卷积神经网络(CNN)赢得了 ImageNet 大规模视觉识别挑战赛。这标志着该领域的一个转折点,它展示了深度学习在图像识别中的潜力。从此,深度学习在包括自然语言处理、语音识别和自动驾驶汽车等广泛领域取得了重大进展。

如今,深度学习是一个快速发展的领域,有着众多的应用和研究方向。在数字岩心领域有着众多的应用,包括图像增强、图像分割、图像重构和渗流模拟等。在数字岩心图像重构领域,最成功的算法就是生成对抗神经网络(Generative Adversarial Nets,GAN)。

二、生成对抗神经网络模型及原理

1. GAN

GAN 由 Goodfellow 等于 2014 年提出,并在 MNIST、Toronto Face Database 和 CIFAR-10 进行了测试,在手写数字和人脸重建取得了较好的效果。GAN 是一种强大的生成模型,该模型通过生成器和判别器两个网络之间的博弈学习数据特征,从而完成特定的任务。

想要通过数据 x 学习生成器分布 P_g,需要先定义一个噪声先验分布 $p_z(z)$,通过建立一个映射 $G(z;\theta_g)$ 将噪声数据投影到数据空间,其中 G 为参数 θ_g 的多层感知器所表示的微分函数。同时定义一个输出单个标量的多层感知器 $D(x,\theta_D)$。$D(x)$ 表示来自数据 x 而不是 P_g 的概率。判别器 D 输入训练样本 x 和生成样本 $G(z)$,以最大化正确标记为目标,从而更新鉴别器网络参数;生成器 G 以最小化 $\log(1-D(G(z)))$ 为目标,从而更新生成器网络参数。其损失函数为

$$\min_G \max_D V(D,G) = E_{x \sim p_{\text{data}}(x)} \left[\log D(x) \right] + E_{z \sim p_z(z)} \left[\log(1-D(G(z))) \right] \qquad (3\text{-}50)$$

式中:x 为真实样本,在真实数据分布 $p_{\text{data}}(x)$ 中采样获得;z 为噪声数据,在先验分布 $p_z(z)$ 采样获得;$D(x)$ 为判别器 D 计算 x 源于真实样本的概率;$D[G(z)]$ 为判别器 D 计算生成样本 $G(z)$ 源于真实样本的概率。

该损失函数为一个交叉熵,可以将其分为两个优化问题:为保证生成器的输出更加接近真实分布,要 $\log(1-D(G(z)))$ 尽可能的小;为保证判别器能够区分输入的真实性,因此 $\log(D(x))$ 要尽可能的大。

对判别器来说,其优化函数为

$$\max_D V(D,G) = E_{x \sim p_{\text{data}}(x)} \left[\log D(x) \right] + E_{z \sim p_z(z)} \left[\log(1-D(G(z))) \right] \qquad (3\text{-}51)$$

对生成器来说,其优化函数为

$$\min_G V(D,G) = E_{z \sim p_z(z)} \left[\log(1 - D(z)) \right] \tag{3-52}$$

在求取上述两个优化函数的过程中,首先需要固定生产器 G 不变,则在连续空间中,判别器的优化函数为

$$V(D,G) = E_{x \sim p_{\text{data}}(x)} \left[\log D(x) \right] + E_{z \sim p_z(z)} \left[\log(1 - D(z)) \right]$$
$$= \int_x p_{\text{data}}(x) \log D(x) \mathrm{d}x + \int_z p_z(z) \log(1 - D(z)) \mathrm{d}s \tag{3-53}$$
$$= \int_x p_{\text{data}}(x) \log D(x) \mathrm{d}x + p_g(x) \log(1 - D(x)) \mathrm{d}x$$

因为 $p_{\text{data}}(x)$ 和 $p_g(x)$ 为常量,$D(x) \in [0,1]$,当判别器效果达到最好时,即要使得公式(3-51)最大化,此时判别器的全局最优解为

$$D_G^*(x) = \frac{p_{\text{data}}(x)}{p_{\text{data}}(x) + p_g(x)} \tag{3-54}$$

得到最优的判别器后,用最优的判别器 D 训练生成器 G。将公式(3-54)代入公式(3-53)得到:

$$V(D,G) = E_{x \sim p_{\text{data}}} \left[\log D_G^*(x) \right] + E_{z \sim p_z} \left[\log(1 - D_G^*(G(z))) \right]$$
$$= E_{x \sim p_{\text{data}}} \left[\log D_G^*(x) \right] + E_{x \sim p_g} \left[\log(1 - D_G^*(x)) \right]$$
$$= E_{x \sim p_{\text{data}}} \left[\log \frac{p_{\text{data}}(x)}{p_{\text{data}}(x) + p_g(x)} \right] + E_{x \sim p_g} \left[\log \frac{p_{\text{data}}(x)}{p_{\text{data}}(x) + p_g(x)} \right] \tag{3-55}$$
$$= -\log(4) + \text{KL}\left(p_{\text{data}} \middle\| \frac{p_{\text{data}} + p_g}{2} \right) + \text{KL}\left(p_g \middle\| \frac{p_{\text{data}} + p_g}{2} \right)$$
$$= -\log(4) + 2\text{JSD}\left(p_{\text{data}} \middle\| p_g \right)$$

式中,KL 为 Kullback-Leibler 散度,表示为

$$\text{KL}(p_1 \| p_2) = E_{x \sim p_1} \log \frac{p_1}{p_2} \tag{3-56}$$

JSD 为 Jensen-Shannon 散度,表示为

$$\text{JSD}(p_1 \| p_2) = \frac{1}{2}\text{KL}\left(p_1 \middle\| \frac{p_1 + p_2}{2} \right) + \frac{1}{2}\text{KL}\left(p_2 \middle\| \frac{p_1 + p_2}{2} \right) \tag{3-57}$$

从公式(3-55)可以看出,当且仅当 $p_{\text{data}}(x) = p_g$ 时公式(3-55)等于 0。此时 $V(D,G)$ 取到最小值,生成器效果达到最好。

GAN 训练是一个交替优化的过程,GAN 在训练时先固定生成器 G 优化判别模型 D,分别从生成的样本和真实的样本中提取数据输入到判别模型 D 中,判别模型 D 经过 K 次参数更新后固定判别模型 D 再去优化生成器 G。整个训练过程的主要目的就是优化 G,使它尽可能生成让 D 混淆的数据。优化 D,使它尽可能地区分出生成的数据。

2. DCGAN

Radford 等(2015)对 GANs 的生成器和判别器中卷积网络结构进行了改进,提出了 DC-GAN(Deep Convolutional Generative Adversarial Networks,DCGAN),提升了 GAN 模型的

性能,拓展了其使用场景。DCGAN 的生成器结构如图 3-43 所示。DCGAN 模型的目标函数和 GAN 一致,如公式(3-50)所示。在 GAN 的学习过程中,为了获得这个极小-极大问题的最优解,通常在同一轮参数更新中,判别器 D 的参数更新 k 次,生成器 G 的参数更新 1 次。当且仅当 $p_{\text{data}}(x)=p_g$ 时可以获得全局最优解。然而在训练过程中,真实样本和生成样本的分布情况较复杂,当两者之间具有极小重叠甚至没有重叠时,其目标函数的 Jensen-Shannon 散度是一个常数,梯度消失,网络参数无法有效更新,无法保证图像重构的效果。

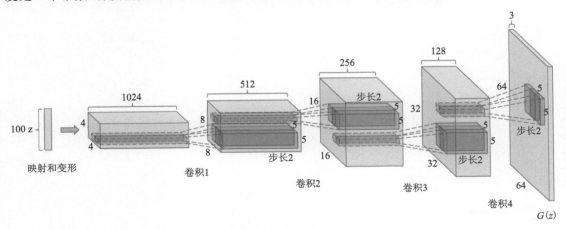

图 3-43　DCGAN 生成器结构(Radford et al. ,2015)

3. Wasserstein GAN 和 Wasserstein GAN-GP

Arjovsky 等(2017)引入 Wasserstein 距离(或称 Earth-Mover 距离)评价真实样本和生成样本分布之间的距离提出了 Wasserstein GAN(WGAN)。WGAN 克服了 GAN 需要在鉴别器和生成器的训练中保持平衡的难题。Wasserstein 距离公式表示为

$$W(p_{\text{data}},p_g)=\inf_{\gamma\in\prod(p_{\text{data}},p_g)}E_{(x,y)\sim\gamma}[\parallel x-y\parallel] \tag{3-58}$$

式中:$\prod(p_{\text{data}},p_g)$ 表示 p_{data} 和 p_g 的联合分布;$(x,y)\sim\gamma$ 表示真实样本和生成样本的分布;$\parallel x-y\parallel$ 表示真实样本和生成样本之间的距离;$E_{(x,y)\sim\gamma}[\parallel x-y\parallel]$表示联合分布 γ 样本之间距离的期望。当某个联合分布使这个期望达到最小,这个期望的下确界就是 p_{data} 和 p_g 的 Wasserstein 距离。

$E_{(x,y)\sim\gamma}[\parallel x-y\parallel]$可以认为是在 γ 这个路径上,将"砂土"p_{data} 移动到"砂土"p_g 所需的消耗,$W(p_{\text{data}},p_g)$ 则是在最优路径下的最小消耗。因此 Wasserstein 距离也被称为 Earth-Mover (推土机)距离。相较于 JS 散度,Wasserstein 距离在真实分布 p_{data} 和生成分布 p_g 之间没有重叠或重叠可忽略时,仍然可以反映真实样本和生成样本之间距离的远近关系。这个距离在两个分布不重叠的时候也是连续的,能较好解决早期训练时生成器梯度消失的情况,从而提高训练的稳定性。

求解 Wasserstein 距离的问题其实是一个线性规划问题,但是直接求解 Wasserstein 距离非常困难,特别是在处理图像问题时。将线性规划问题转化为对偶问题,公式(3-58)可写为

$$W(p_{\text{data}}, p_g) = \sup_{\|f\|_L \leqslant 1} E_{x \sim p_{\text{data}}} [f(x)] - E_{x \sim p_g} [f(x)] \tag{3-59}$$

式中：$L < 1$ 代表 f 是一个 $1-$Lipsschitz 函数。

Lipsschitz 连续条件表明，对于在实数集的子集的函数 $f : D \subset \mathbb{R} \rightarrow \mathbb{R}$，若存在常数 K，使得 $\|f(x_1) - f(x_2)\| \leqslant K \|x_1 - x_2\|$，$\forall x_1, x_2 \in D$，则称 f 符合利普希茨条件，对于 f 最小的常数 K 称为 f 的利普希茨常数，因此公式（3-59）可以表示为

$$W(p_{\text{data}}, p_g) = \frac{1}{K} \sup_{\|f\|_L \leqslant K} E_{x \sim p_{\text{data}}} [f(x)] - E_{x \sim p_g} [f(x)] \tag{3-60}$$

当函数 f 满足 Lipschitz 连续，找到 f 使 $E_{x \sim p_{\text{data}}} [f(x)] - E_{x \sim p_g} [f(x)]$ 最大，这个上确界（Supremum）即为 Wasserstein 距离。将 Wasserstein 距离作为目标函数，则 WGAN 网络判别器的目标函数为

$$\max_{w \in W} E_{x \sim p_{\text{data}}} [f_w(x)] - E_{z \sim p_z} [f_w(g_\theta(z))] \tag{3-61}$$

原始 GAN 的判别器目的对输入数据进行分类，WGAN 为了计算 Wasserstein 距离，因此判别器的最后一层去掉 sigmoid 函数。

生成器的目标函数为

$$\min_{w \in W} - E_{z \sim p_z} [f_w(g_\theta(z))] \tag{3-62}$$

则 WGAN 网络的损失函数为

$$\min_G \max_{D \in 1-\text{Lipschitz}} E_{x \sim p_{\text{data}}(x)} [D(x)] - E_{z \sim p_z(z)} [D(G(z))] \tag{3-63}$$

由于要求存在一个限制常数 K 使得判别器 $D(x)$ 内的梯度不大于 K，因此：

$$\|\nabla_x D(x)\|_p \leqslant K, \forall x \in x \tag{3-64}$$

为满足这个条件，WGAN 中使用了一种称为权重裁剪的策略，每次更新判别器参数之后把它们的绝对值截断到不超过一个固定常数 c，同时生成器和判别器的损失不取对数。

尽管 WGAN 能够较好地解决 GAN 训练不稳定的问题，不再需要小心平衡生成器和判别器的训练程度。但是权重裁剪会导致参数基本都在限制的边界值，极大浪费了模型的参数，并且 WGAN 在实际使用过程中还是很容易梯度消失或者梯度爆炸，需要仔细的调参。因此 Gulrajani 等（2017）通过引入梯度惩罚（Gradient Penalty，GP），将判别器相对于输入梯度的二范数约束在 1 附近，这样就能够保证 Lipschitz 连续。因此，判别器的损失函数为

$$L = E_{x \sim p_{\text{data}}} [D(x)] - E_{z \sim p_z} [D(G(z))] + \lambda E_{\hat{x} \sim p_{\hat{x}}} [\|\nabla_{\hat{x}} D(\hat{x})\|_2 - 1] \tag{3-65}$$

式中：$\hat{x}$ 是对生成数据和训练样本数据各进行采样后，在两点的连线上再次进行随机插值采样，其定义为

$$\hat{x} = \varepsilon x_r + (1 - \varepsilon) x_g \tag{3-66}$$
$$x_r \sim p_{\text{data}}(x), x_g \sim p_z(G(z)), \varepsilon \sim U[0, 1]$$

式中：x_r 为采样的训练样本数据；x_g 为采样的生成数据；ε 为来自实域的随机参数，其值为 0~1。

4. Conditional GAN

原始 GANs 生成器输入信息是服从某分布的随机数，生成图像也是随机的。生成器使用噪声 z 的时候没有加任何限制，而是在以一种高度混合的方式使用 z，导致 z 任何一个维度都

没有明显的表示一个特征。如何控制生成器输出具有想要特征的数据,最直接的方式就是对输入生成器的数据加上限制,这就是条件生成对抗神经网络(Conditional GAN)的主要思想(Mirza and Osindero,2014)。

　　Mirza 和 Osindero(2014)在判别器和生成器的输入中增加额外条件信息 y,比如类别标签或者其他类型的数据,使得图像生成能够朝规定的方向进行,网络结构如图 3-44 所示。Conditional GAN 的损失函数为

$$\min_{G}\max_{D}V(D,G)=E_{x\sim p_{\mathrm{data}}(x)}\left[\log D(x|y)\right]+E_{z\sim p_{z}(z)}\left[\log(1-D(G(z|y)))\right]\quad(3\text{-}67)$$

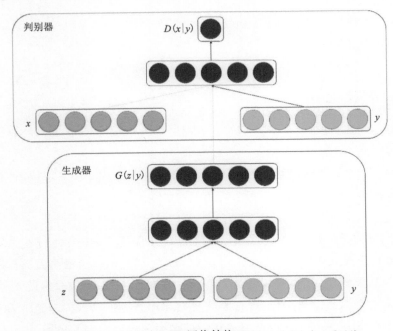

图 3-44　Conditional GAN 网络结构(Mirza and Osindero,2014)

5. InfoGAN

　　Chen 等(2016)提出 InfoGAN 同样是为了解决传统 GAN 输入向量对于输出的影响不明确、无法控制输入的参数去生成特定图片的问题。传统 GAN 的噪声会被生成器以高度纠缠的方式使用,导致输入向量的各个维度不对应于数据的语义特征。

　　InfoGAN 的做法是把输入向量拆分成子向量 c 和子向量 z,其中子向量 c 是明确对输出产生影响的部分。同时,为了保证生成器输出图像的真实性,InfoGAN 增加一个判别器,防止生成器直接原封不动地把向量 c 放在输出 x 中,其损失函数为公式(3-68)。InfoGAN 网络结构如图 3-45 所示,其中增加的一个分类器与原始 GAN 的判别器共享最初几层的网络参数。

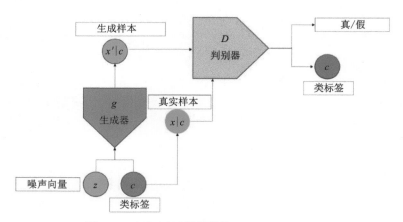

图 3-45　InfoGAN 网络结构(Park et al. ,2020)

$$\min_{G}\max_{D}V_I(D,G)=V(D,G)-\lambda I(c;G(z,c))$$
$$=E_{x\sim p_{data}(x)}\big[\log D(x)\big]+E_{z\sim p_z(z)}\big[\log(1-D(G(z)))\big]-\lambda I(c;G(z,c)) \tag{3-68}$$

式中：I 为互信息。

在信息论中，X 和 Y 之间的互信息 $I(X;Y)$ 表示从随机变量 Y 的知识中学习到另一个随机变量 X 的"信息量"，互信息可以表示为两个熵项之差：

$$I(X;Y)=H(X)-H(X|Y)=H(Y)-H(Y|X) \tag{3-69}$$

式中：H 表示计算交叉熵；$H(X|Y)$ 衡量的是"给定 Y 情况下，X 的不确定性"。从上式(3-69)中可知，当 X 和 Y 毫无关联时，$H(X|Y)=H(X)$，$I(X;Y)=0$，取得最小值；当 X 和 Y 有明确关联时，已知 Y 时，X 没有不确定性，因而 $H(X|Y)=0$，此时 $I(X;Y)$ 取得最大值。

实际上互信息项 $I(c;G(z,c))$ 很难直接最大化，因为它需要后验 $P(c|x)$，但可以通过定义一个辅助分布 $Q(c|x)$ 来近似 $P(c|x)$，采用一种名为 Variational Information Maximization 的技巧对互信息进行下界拟合从而得到它的下界：

$$I(c;G(z,c))=H(c)-H(c|G(z,c))$$
$$=E_{x\sim G(z,c)}\big[E_{c'\sim P(c|x)}\big[\log P(c'|x)\big]\big]+H(c)$$
$$=E_{x\sim G(z,c)}\big[\underbrace{D_{KL}(P(\,\cdot\,|x)\parallel Q(\,\cdot\,|x))}_{\geqslant 0}+E_{c'\sim P(c|x)}\big[\log Q(c'|x)\big]\big]+H(c)$$
$$\geqslant E_{c'\sim P(c|x)}\big[\log Q(c'|x)\big]+H(c) \tag{3-70}$$

对于随机变量 X,Y 和函数 $f(X,Y)$，在适当正则性条件下，$E_{x\sim X,y\sim Y|x}[f(x,y)]=E_{x\sim X,y\sim Y|x,x'\sim X|y}[f(x',y)]$。因此，可以定义一个互信息 $I(c;G(z,c))$ 的变分下界 $L_I(G,Q)$：

$$L_I(G,Q)=E_{c\sim P(c),x\sim G(z,c)}\big[\log Q(c|x)\big]+H(c)$$
$$=E_{x\sim G(z,c)}\big[E_{c'\sim P(c|x)}\big[\log Q(c'|x)\big]\big]+H(c) \tag{3-71}$$
$$\leqslant I(c;G(z,c))$$

$L_I(G,Q)$很容易在现有框架中进行优化,当它取得最大值 $H(c)$ 时,可以获得互信息的最大值,达到最优结果。因此,InfoGAN 可以定义为具有互信息变分正则化和超参数 λ 的极小极大对策:

$$\min_{G,Q}\max_{D}V_{\text{InfoGAN}}(D,G,Q)=V(D,G)-\lambda L_I(G,Q) \tag{3-72}$$

6. Progressive Growing GAN

在生成对抗网络出现的早期,生成较为真实的高分辨率图像是一件困难的事。同时,由于内存限制,学习高分辨率会采用较小的批大小,从而影响训练的稳定性。Karras 等(2017)提出渐进式增加生成器和判别器规模的新方法训练生成对抗神经网络,即 Progressive Growing GAN(PGGAN),更好地实现了高分辨率的图像合成。PGGAN 网络的训练流程如图 3-46 所示,首先从低分辨率开始(4×4),通过向网络中添加新的层逐步增加生成图片的分辨率(8×8),最终生成高分辨率图像(1024×1024)。

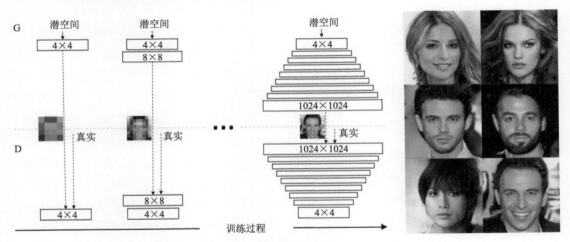

图 3-46 PGGAN 训练流程(Karras et al.,2017)

PGGAN 网络的生成器和判别器彼此互为镜像,且始终同步增长。训练过程中,因为引入更高分辨率的层会给训练带来巨大影响,PGGAN 设计了渐进式增长过程,如图 3-47 所示,通过参数 α 平滑地增加高分辨率的新层,以给系统适用更高分辨率的时间。如图 3-47 所示,训练足够迭代次数的 16×16 分辨率后,在生成器中引入了另一个转置卷积,在判别器中引入了另一个卷积。生成 32×32 层有两条路径:$(1-\alpha)$ 乘以最近邻插值增加尺度的层,α 乘以额外转置卷积的输出层,二者进行拼接以形成新的 32×32 的生成图像。toRGB 表示将特征向量投影到 RGB 颜色的图层,fromRGB 则相反,两者都使用 1×1 卷积。这里×2 指使用最近邻滤波将图像分辨率加倍,×0.5 指使用平均池化将图像分辨率减半。

7. StyleGAN

PGGAN 通过逐级学习方式可以生成高分辨率图像,但其生成器的输入为随机噪声,生

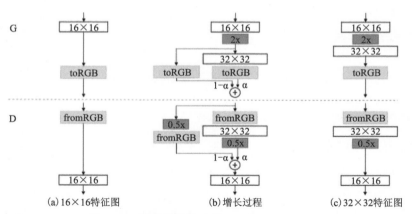

图 3-47　渐进式增长过程(Karras et al.,2017)

成的图像具有随机性。同时在从低分辨率到高分辨率过程中,无法获知每一级上学习到了什么样的贴特征。这导致了 PGGAN 控制所生成图像的特定特征的能力非常有限。于是,在 PGGAN 的基础上,Karras 等(2019)提出了 StyleGAN 网络,该网络采用特殊网络结构控制生成图像的风格和特征,生成高质量真实图像。

Karras 等(2019)认为 PGGAN 生成器采用的渐进增长式结构可以控制图像不同分辨率的视觉特征,层和分辨率越低,控制的图像特征就越粗糙。StyleGAN 在此基础上添加映射网络、样式模块等附加模块以实现样式上更细微和精确的控制。

1)映射网络

通常潜在编码(随机噪声)输入到生成器后仅经过一个全连接层后就开始卷积计算[图 3-48(a)],StyleGAN 在生成器加入一个由 8 个全连接层组成的映射网络,目的是将输入向量编码为中间变量,中间向量后续会传给生成器得到 18 个控制向量,使得该控制向量不同元素能够控制不同的视觉特征,如图 3-48(b)左侧网络。如果不通过映射网络编码,得到的 18 个控制向量则会存在特征纠缠现象,映射网络的作用就是为输入向量的特征解缠提供一条学习道路。

2)样式模块(AdaIN)

图 3-48(b)右侧为合成网络(Synthesis Network)。合成网络的每一层子网络有两个输入:由放射变换 A 转换中间变量 W 得到的缩放因子和偏差因子$(y_{s,i},y_{b,i})$以及由映射 B 得到的噪声映射。A 可以控制图像的风格特征,B 控制生成图像的细节特征。来自隐藏空间 W 中的 w 通过仿射变换转化为缩放因子和偏差因子,这两个因子会与标准化之后的卷积输出特征图 x_i,做一个加权求和,以实现样式控制,计算公式如下:

$$\text{AdaIN}(x_i,y_i)=y_{s,i}\frac{(x_i-\mu(x_i))}{\sigma(x_i)}+y_{b,i} \tag{3-73}$$

式中:x_i 表示相应的特征图;i 表示网络层数。

3)删除传统输入

既然 StyleGAN 生成图像的特征是由 W 和 AdaIN 控制的,那么生成器的初始输入可以忽略,并用常量值替代。这样做的理由是,首先可以降低由初始输入取值不当而生成出一些不正常图像的概率,另一个好处是它有助于减少特征纠缠,对于网络在只使用 W 不依赖于纠缠输入向量的情况下更容易学习。

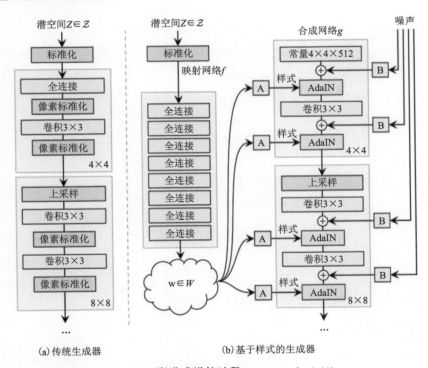

图 3-48　渐进式增长过程(Karras et al.,2019)

4)随机变化

许多小的特征可以看作是随机的,将这些小特征插入 GAN 图像的常用方法是在输入向量中添加随机噪声。为了控制噪声仅影响图片样式上细微的变化,StyleGAN 采用类似于 AdaIN 机制的方式添加噪声,即在 AdaIN 模块之前向每个通道添加一个缩放过的噪声,并稍微改变其分辨率级别特征的视觉表达方式。

5)样式混合

StyleGAN 生成器在合成网络的每个级别中使用了中间向量,这有可能导致网络学习到这些级别是相关的。为了减小不同层之间特征样式的相关性,对生成器使用混合正则化方法:对给定比例的训练样本(随机选取)使用样式混合的方式生成图像。在训练过程中,使用两个随机隐码 z(Latent Code)而不是一个,生成图像时,在合成网络中随机选择一个点(某层),从一个隐码切换到另一个隐码(这一操作称之为样式混合)。具体来说,通过映射网络运行两个隐码 z_1 和 z_2,并让对应的 w_1 和 w_2 控制样式,使 w_1 在交点前应用,w_2 在交点后应用。

这种正则化技术可以防止网络认为无关但相邻的特征是相关的,隐码随机切换操作可以确保网络不会学习和依赖于单一层特征之间的相关性。

6）感知路径长度

感知路径长度是一个指标，用于判断生成器是否选择了最近的路线，用训练过程中相邻时间节点上两个生成图像的距离来表示，公式如下：

$$l_w = E\left[\frac{1}{\varepsilon^2}d(g(\mathrm{lerp}(f(z_1),f(z_2);t)),g(\mathrm{lerp}(f(z_1),f(z_2);t+\varepsilon)))\right] \quad (3\text{-}74)$$

式中：g 表示生成器；d 表示生成图像间的感知距离；f 表示映射网络所代表的函数；$f(z_1)$ 表示由隐码 z_1 得到的中间隐藏码 w，$f(z_2)$ 同理；t 表示某一时间点，$t \in (0,1)$；$t+\varepsilon$ 表示下一个时间点；lerp 表示线性插值，即在 Latent Space 上进行插值。

三、数字岩心重构效果

深度学习算法在数字岩心重构技术中的应用最早由 Mosser 等（2017）实现，他们首次将生成对抗神经网络 GAN 应用于数字岩心重构。Mosser 等（2017）所采用的生成对抗神经网络模型为 DCGAN(Deep Convolutional Generative Adversarial Networks)，其生成器和判别器均采用卷积神经网络结构，其训练过程如图 3-49 所示。

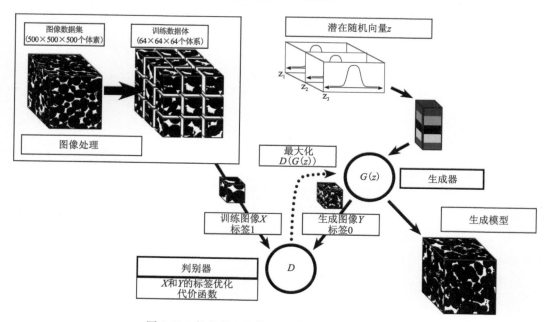

图 3-49　数字岩心重构流程图(Mosser et al.,2017)

Mosser 等（2017）在 Berea 砂岩数据集上训练了 DCGAN 模型，并生成了类似的岩心图像，如图 3-50 所示。重构的岩心图像和训练数据在孔隙度、比表面积、欧拉示性数和渗透率分布上都较为吻合。随后，GAN 在数字岩心重构领域获得了更多的关注，各种 GAN 的变体模型及应用研究逐渐增多。

Yang 等（2021）设计了三维 DCGAN 重构页岩数字岩心模型（图 3-51）。Zhao 等（2021）将 DCGAN 用于致密砂岩岩心样品三维重构（图 3-52）。

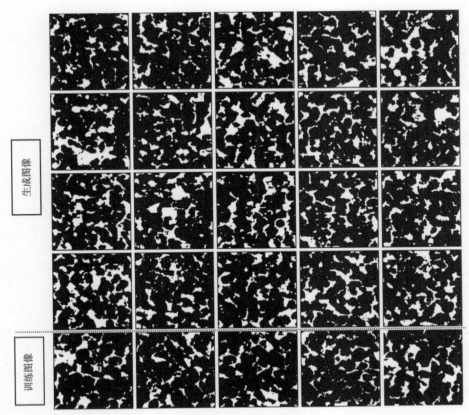

图 3-50　DCGAN 重构二维 Berea 砂岩数字岩心模型(64×64)(Mosser et al. ,2017)

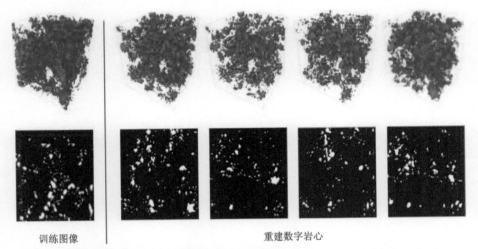

训练图像　　　　　　　　　　　　重建数字岩心

图 3-51　DCGAN 重构三维页岩数字岩心模型(128×128×128)(Yang et al. ,2021)

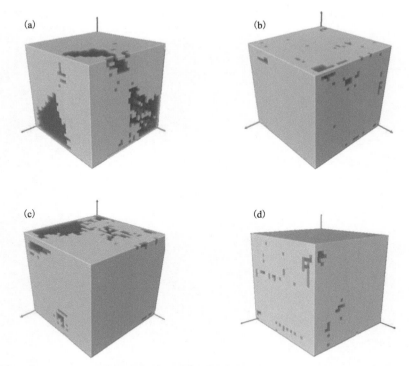

图 3-52　DCGAN 重构三维致密砂岩数字岩心模型（32×32×32）（Zhao et al.，2021）

DCGAN 网络中生成器的输入为噪声数据，Volkhonskiy 等（2019）设计的重构模型中生成器输入包括两个部分：噪声和编码器的输出。编码器对输入的二维岩心二值化切片进行编译，作为岩心的孔隙结构信息输入到生成器中，可以实现从二维岩心图像到三维数字岩心模型的重构，其网络结构如图 3-53 所示。

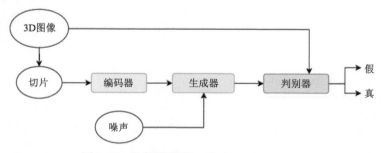

图 3-53　重构流程图（Volkhonskiy et al.，2019）

Valsecchi 等（2020）将生成器的输入设置为通道数为 32，32×32×32 大小，通过上采样和卷积计算输出 64×64×64 大小。判别器输入 64×64 的二维图像，由一系列卷积模块组成，结构如图 3-54 所示，这样的结构具有较低的训练时间。

Zhang 等（2021）提出了一种将变分自编码器（VAE）和生成对抗网络（GAN）相结合的重构方法（VAE-GAN），克服了 VAE 生成的图像模糊，引入列式点过程（Determinantal Point Processes，DPP）来规范 GAN 的生成器，缓解 GAN 模式坍塌，模型结构如图 3-55 所示。

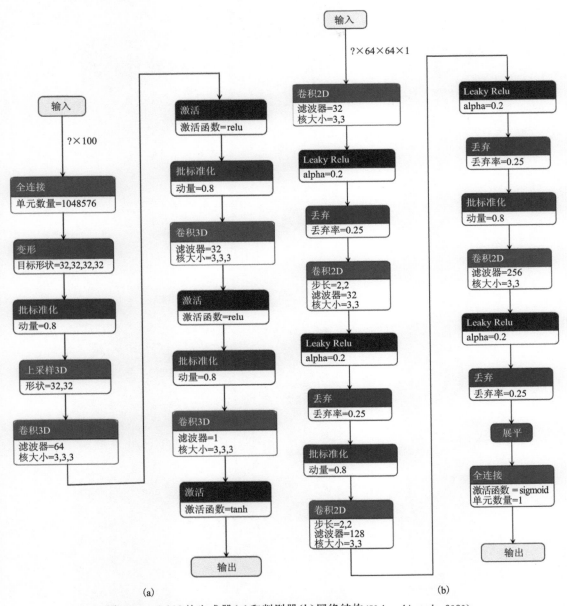

图 3-54　GAN 的生成器(a)和判别器(b)网络结构(Valsecchi et al.,2020)

　　DCGAN 网络在训练过程中梯度信息很容易消失,从而导致该网络训练困难。Li 等(2022)应用 Wasserstein GAN 对 Berea 砂岩和 Ketton 石灰岩进行了重建。Zha 等(2020)和 Zha 等(2021)使用 WGAN 重构二维页岩岩心图像,重构结果如图 3-56 所示。Corrales 等(2022)将孔隙度、表面积、渗透率和两点概率 4 个额外的损失项加入 WGAN-GP 模型中,生成三维高质量多孔介质样品,并与 DCGAN 模型(RockGAN)对比,如图 3-57 所示。

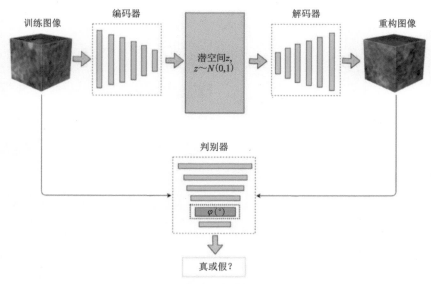

图 3-55　VAE-GAN 网络结构（Zhang et al.,2021）

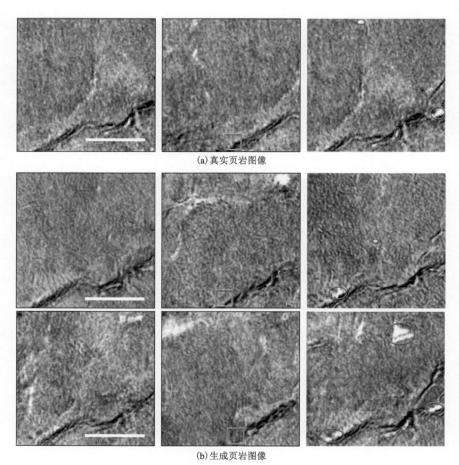

(a)真实页岩图像

(b)生成页岩图像

图 3-56　WGAN 重构的页岩岩心图像（256×256）（Zha et al.,2021）

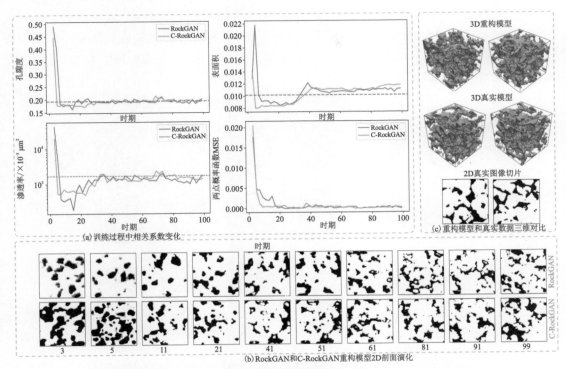

图 3-57 WGAN-GP 模型生成三维高质量多孔介质模型(Corrales et al.，2022)

高分辨率的岩心图像可以反映出更多的孔隙结构细节,但是 DCGAN、WGAN 和 WGAN-GP 生成的图像都较小。You 等(2021)采用渐进增长生成对抗网络(Progressive Growing GAN,PGGAN),输入二维切片生成高质量的二维碳酸盐岩岩心图像(1024 × 1024),如图 3-58 所示。第一行的图像是由渐进增长生成对抗性网络(PGGAN)随机合成的图像,第二行为第一行红色矩形框内的区域;最后采用 GAN 反演和基于潜在空间插值的图像重建方法构建三维模型。

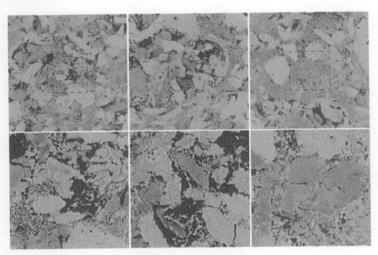

图 3-58 基于二维切片生成高质量的二维碳酸盐岩岩心图像(You et al.，2021)

Zheng 和 Zhang(2022)将 Conditional GAN 和 PGGAN 进行融合,引入条件变量控制数字岩心生成。通过固定输入噪声,改变每种岩石类型的孔隙度和相关长度控制条件获得了重构模型,如图 3-59 所示。当条件孔隙度和相关长度逐渐增加,孔隙结构较为相似,但部分孔隙的形态会发生变化,孔隙度变大。

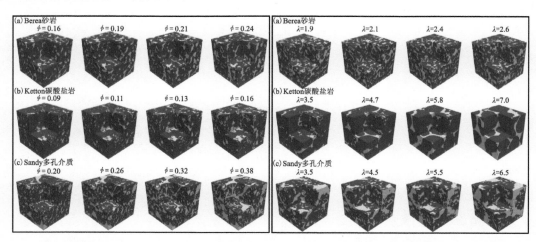

图 3-59　改变孔隙度(左,160×160×160)和相关长度(右,96×96×96)控制条件重构结果(Zheng and Zhang,2022)

Cao 等(2022)将 InfoGAN 和基于先验信息的 StyleGAN 相结合(CISGAN),利用映射网络对潜在空间的多尺度信息解缠,并通过风格转换应用这些信息来优化数字岩心模型结构。CISGAN 网络结构如图 3-60 所示,生成器由映射网络和合成网络组成。提取孔隙度分布作为条件信息,结合随机噪声作为潜空间输入映射网络,得到中间潜空间 W。通过 AdaIN 将不同尺度信息应用到网络中,并在每次卷积后加入随机噪声,丰富数字岩心模型的细节。在判别器中增加一个分类器 Q 来提取孔隙度序列,以确保先验信息能够约束生成器。

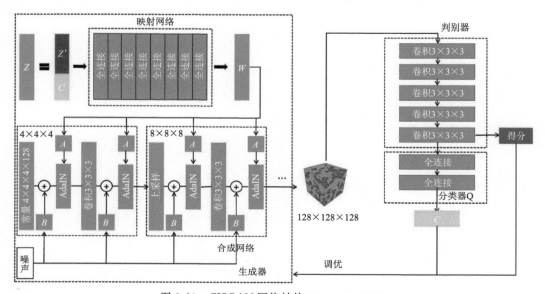

图 3-60　CISGAN 网络结构(Cao et al.,2022)

原始模型和生成模型的结果见图3-61。对于砂岩样品,CISGAN可以有效地重建具有简单孔隙结构的砂岩模型,如图3-61(e)、(f)、(m)、(n)所示,在孔隙形态和数量上与原始模型接近。对于碳酸盐岩,CISGAN可以有效地重建孔隙形态,尤其是溶解孔隙,但孔隙数量多于原始模型。

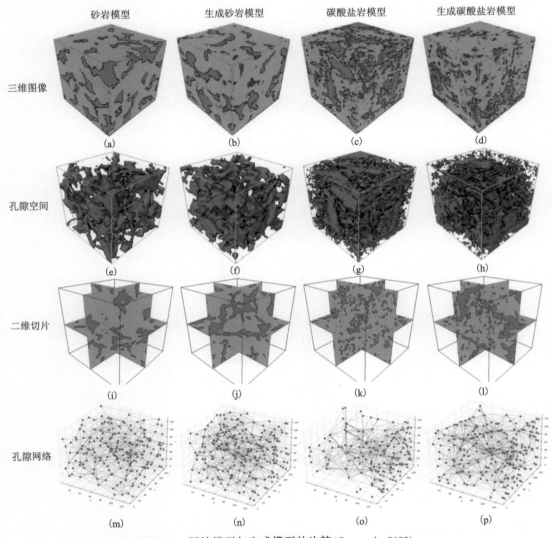

图3-61　原始模型与生成模型的比较(Cao et al.,2022)

通过求解N-S方程分别模拟真实砂岩、碳酸盐岩模型和生成的砂岩、碳酸盐岩模型的绝对渗透率如表3-4所示。砂岩重建模型的渗透率略小于真实模型的渗透率,可能是因为重建模型中的小喉道数量略大于真实模型中的小喉道数量。对于碳酸盐岩,虽然重建模型孔隙比真实模型小,但渗透率略大于真实模型,其原因可能是重建模型的连通性更好,如图3-61(o)和(p)所示。但总体而言,重建模型的绝对渗透率更接近真实模型和实验测量的绝对渗透率值。

表 3-4 绝对渗透率对比

模型	绝对渗透率/$\times 10^{-3} \mu m^2$
砂岩模型	73.625
生成砂岩模型	58.296
碳酸盐岩模型	12.880
生成碳酸盐岩模型	17.688

Ferreira 等（2022）采用基于 StyleGAN2 搭建的 StyleGAN2-ADA 开发了 PetroGAN 模型用于生成不同类型的岩石薄片图像。自适应鉴别器增强（Adaptive Discriminator Augmentation，ADA）用于确定通过网络自适应得到数据增强的概率，可以防止判别器在小型数据集上出现过拟合。实际使用中，只要将所有的图像在输入判别器之前预先输入 ADA 进行数据增强，并随着训练实时对 ADA 的概率进行更新即可。PetroGAN 可以提高生成图像在统计和美学特征的鲁棒性，改善岩石学数据的内部方差。图 3-62 为模型训练过程中选定的 9 张不同 FID（Fréchet Inception Distance）评分的生成图像，随着训练的进行，生成图像中矿物样结构逐步改善。

(a)FID=74.59   (b)FID=32.48   (c)FID=12.49

图 3-62 不同训练阶段生成图像的对比(Ferreira et al.，2022)

使用训练好的模型来提取向量，这些向量可以用来修改相同的薄片，并添加或删除某些成分，如图 3-63 所示，可以通过向量修改矿物的颜色[图 3-63(a)]，以及改变薄片中基质的百分比[图 3-63(b)]。

四、数字岩心重构评价

与常规数字岩心重构方法相同，直观观察重构模型的图像，或采用孔隙度、渗透率、孔隙几何参数、两点概率函数等参数都可用于评价 GAN 算法重构的模型。GAN 模型通常学习的是数据分布特征，因此采用以上参数评价时，多为对比真实数据和生成数据的分布特征，如图 3-64 和图 3-65 所示。通过对孔隙的形态特征和两点概率函数的对比，GAN 模型生成的岩心图像能够匹配多孔介质的关键特征统计和物理参数。

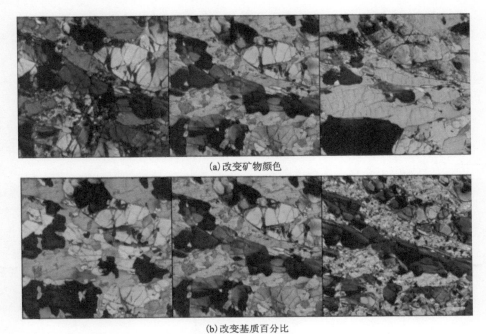

(a) 改变矿物颜色

(b) 改变基质百分比

图 3-63　向量控制薄片图像结果(Ferreira et al. , 2022)

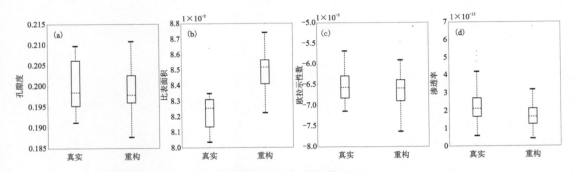

图 3-64　Berea 砂岩真实数据和 GAN 重构模型对比(Mosser et al. , 2017)

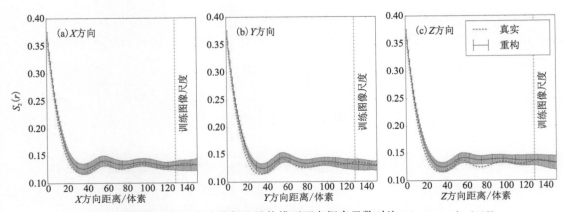

图 3-65　颗粒充填模型真实数据和重构模型两点概率函数对比(Mosser et al. , 2017)

深度学习模型本身的量化评价方法也可用于评价重构模型的质量。通常深度学习/机器学习都会采用一个可以量化的指标来表明模型训练的好坏,例如使用分类准确率评价分类模型的性能,使用均方误差评价回归模型的性能。同样在生成模型上也有一些评价指标来量化GAN 的生成效果。

1. Inception Score

Inception Score(IS)从清晰度和多样性两个方面评价 GAN 生成图片的质量。对于一个清晰的图片,其属于某一类的概率应该非常大,因此图像的条件概率分布 $p(y|x)$ 的熵就很小;如果生成的图像具有多样性,那么每个类别的数目是差不多一样的,生成图像在所有类别中概率的边缘分布 $p(y)$ 的熵很大。将图像质量和多样性两个指标综合考虑,可以将样本和标签的互信息 $I(x;y)$ 设计为生成模型的评价指标,$I(x;y)=H(y)-H(y|x)$,其差值越大,说明样本的质量越好。根据 $E_X[D_{KL}p(y|x)\parallel p(y)]=H(y)-H(y|x)$,评价指标可以转化为 KL 散度的期望。故 IS 的计算公式为:

$$IS = \exp(E_{x\sim p_q}D_{KL}p(y|x)\parallel p(y)) \tag{3-75}$$

式中:y 是把生成图像输入到 Inception Net-V3 中得到的 1000 维的一维向量。

具体的计算过程如下:假设生成的图像有 n 张,记为 $\{x_1,x_2,\cdots,x_n\}$,将每个生成图片都输入到 Inception Net-V3 中,得到一个 1000 维的向量 y,然后计算生成图像在所有类别中概率的边缘分布 $p(y)$,然后代入公式(3-75)计算得到 IS。下式中 $p(y_i|x)$ 表示 Inception Net-V3 预测 x 为第 i 类的概率。

$$p(y_i) = \frac{1}{n}\sum_{i=1}^{n}p(y_i|x) \tag{3-76}$$

然而,由于 Inception Net-V3 是在 ImageNet 上训练得到的,GAN 生成的图片无论如何逼真,只要它的类别不存在于 ImageNet 中,IS 也会比较低。当 GAN 发生过拟合时,由于样本质量和多样性都比较好,IS 仍然会很高。

2. Fréchet Inception Distance

Fréchet Inception Distance(FID)在 IS 基础上进行改进,FID 与 IS 的不同之处在于,IS 是直接对生成图像进行评估,指标值越大越好;FID 用来计算真实图像和生成图像在特征层面的距离,距离越短越好。FID 的计算公式为

$$FID = \parallel \mu_{data}-\mu_g \parallel + Tr\Big[\sum_{data}+\sum_g-2\Big(\sum_{data}\sum_g\Big)^{\frac{1}{2}}\Big] \tag{3-77}$$

式中:μ_{data} 和 μ_g 分别表示真实图片和生成图片的特征均值;$\sum_{data}$ 和 $\sum_g$ 分别表示真实图片和生成图片特征的协方差矩阵。

FID 并不使用 Inception Net-V3 的输出结果作为评价依据,而是通过预训练的 Inception Net-V3 的最后一个池化层来提取 2048 维向量作为图片的特征。μ_{data} 和 $\sum_{data}$ 可以通过真实图像集合在 Inception Net-V3 输出的 2048 维特征向量集合的均值和协方差矩阵计算得到,μ_g

和 $\sum_g$ 可以通过生成图像集合在 Inception Net-V3 输出的 2048 维特征向量集合的均值和协方差矩阵计算得到。Tr 表示矩阵的迹。

Zhao 等（2021）采用 FID 进一步评价了模型的重构效果。如图 3-66 所示，FID 得分相对较高，因为 VGG19 模型是在 ImageNet（自然图像）上训练的，而他们训练的 GAN 是在岩石图像数据集上训练的。FID 在训练过程中降低，因此生成器可以通过训练生成更高质量的数字岩石模型。

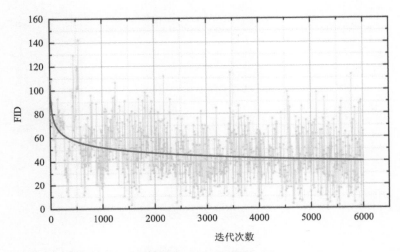

图 3-66　训练期间 FID 变化（Zhao et al.，2021）

3. Wasserstein 距离

Wasserstein 距离又称 Earth-mover 距离、推土机距离，与 MMD 类似，它也是两个分布差异的一种度量，故也可以作为 GAN 的评价指标。若 Wasserstein 距离越短，则表示 μ_{data} 和 μ_g 越接近，GAN 的性能越好。在性能优越的 WGAN 中，是先通过判别器学习两个分布的 Wasserstein 距离，再以最小化 Wasserstein 距离为目标函数来训练生成器。

当把 Wasserstein 距离作为评价指标时，需要先有一个已经训练好的判别器 $D(x)$，对于来自于训练样本集的 n 个样本 $x_1,x_2,\cdots,x_n$ 和来自生成器生成的 n 个样本 $y_1,y_2,\cdots,y_n$，Wasserstein 距离的估算值为

$$\frac{1}{n}\sum_{i=1}^{n}D(x_i)-\frac{1}{n}\sum_{i=1}^{n}D(y_i) \tag{3-78}$$

使用 Wasserstein 距离作为评价指标需要依赖判别器和训练数据集，故它只能评价使用特定训练集训练的 GAN。

Zheng 和 Zhang（2022）在训练过程中保存生成模型得到 Wasserstein 距离随训练迭代的变化，如图 3-67 所示。五种岩石生成样本的平均 Wasserstein 距离曲线可以收敛到一个相对较小的值，并且非常接近基准值，这意味着当停止训练时，生成器可以生成非常逼真的样本。

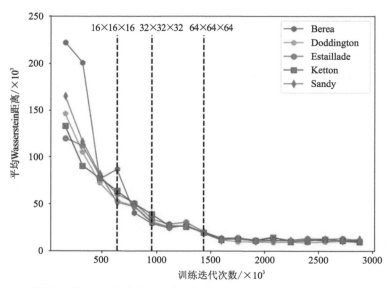

图 3-67　训练过程中五种岩石切片的平均 Wasserstein 距离（Zheng and Zhang，2022）

第八节　数值模拟方法对比

数值模拟方法相比于物理实验方法最大的优势是具有显著的可控性。第一，建模条件的可控性，物理实验方法往往需要先进的实验室和高精度的实验设备，这些设备是昂贵的，不是易获得的，这在一定程度限制了研究人员对数字岩石建模及岩石物性研究的广泛性。然而，数值方法往往只需要一台计算机、一个程序代码就能实现数字岩心的建模工作。第二，建模大小和分辨率可控，物理实验法由于设备的固有属性，扫描样本大小和分辨率存在矛盾，样本大，则扫描分辨率低，如果扫描分辨率高，则所反映的样本小，这是一个主要矛盾。数值模拟方法理论上可以建立任意大小和任意分辨率的模型，但是由于后续研究中往往需要数字化的三维像素体，因此这取决于计算机的性能。第三，建模样本或参数的可控性，物理实验方法需要获得三维实际样本，但是由于疏松、含裂缝等岩石往往获取困难，所以难以建立这类数字岩心模型，然而数值方法只需要以二维图像或统计信息为基础，这些建模参数是更容易获取的。第四，结果的可控性，数字岩石物理研究最大的优势是能够研究微观因素与岩石物理属性之间的定量关系，因此定量控制模型结果是极其重要的，物理实验法没法实现模型结果的定量控制，数值重建方法能够实现建模结果的定量控制，例如孔隙度、孔隙形状、孔隙大小、孔隙分布、连通性、矿物组分及其分布、流体类型及分布等，都能够通过数值方法定量控制，从而为应用数字岩石物理技术探究岩石性质关系奠定基础。从成本和时间方面考虑，实验方法往往消耗更多的时间，需要更多的人力和物力，数值方法以计算机为基础，建模过程往往只需要控制几个参数，计算机自动运行即可建立所需要的数字岩心，一定程度上节约了人力物力。第五，多种方法相结合的可控性，利用两种或两种以上方法进行结合，可以建立更多类型的数字岩心模型，使结果更加准确和多样，体现了建模的灵活性。

　　然而,不同的数值模拟方法也存在明显差异,体现在建模原理、建模过程、模型效果、方法优缺点、结果适用性等多个方面,通过总体评价每种方法的特点及它们之间的差异,对于选取合适的方法建立三维数字岩心是重要的,表 3-5 比较了几种数值方法建模速度和结果。

表 3-5　几种数值模拟方法建模时间、优缺点及适用性对比

方法	建模时间	优点	缺点	适用性
高斯场法	速度快	方法简单	连通性差	各向同性介质
模拟退火法	随控制函数增加时间增加	约束条件可任意多	连通性差	各向同性介质
多点地质统计法	计算速度慢	可建立各向异性模型,连通性好	计算耗时	适用范围广泛
马尔科夫链-蒙特卡洛法	计算速度快	可建立各向异性模型,连通性好	具有一定随机性	适用范围广泛
过程法	模型大小增加时间增加、多种成岩作用增加时间	可建立各向异性模型,连通性好	过程较为复杂	适用成岩相对简单的岩石
深度学习法	训练时间较长	可建立各向异性模型,连通性好,适用多类型岩石	不同岩石样本需要再进行训练学习	适用范围广泛
混合法	多种方法结合增加时间	方法灵活,综合多种方法建立多种类型模型,结合各方法优势	需要理解多种方法特点	适用范围广泛

　　模型结果的连通性和各向异性是模拟方法构建三维数字岩心需要考虑的重要孔隙结构特征。高斯场法和模拟退火法主要基于变差函数,即孔隙结构的函数形式,建立的模型通常孔隙连通性差,只适用于各向同性介质,孔隙中通常分布散点骨架,这些不足是这两种方法的主要缺陷。多点地质统计和马尔科夫链-蒙特卡洛法直接以二维图像为训练模板,提取孔隙结构出现的概率,再以此为基础建立三维数字岩心,模型结果通常连通性较好,可建立各向异性模型,适用范围广泛,因此建模效果较好。另外,对于非均质强的介质,需要更大尺度的模板才能包含孔隙特征,因此计算量和时间会增加,模型的建模效果也会受到一定影响。过程法以模拟岩石沉积过程为思路,实现颗粒沉积、压实和成岩过程,该方法建模连通性好,可建立不规则沉积颗粒和实现一定程度的非均质模型,但是该方法对于复杂岩石的建模十分困难,即通过颗粒沉积和成岩等过程模拟很难实现孔隙结构具有强非均质性岩石的构建。深度学习法能够建立多类型、多尺度、非均质岩石,能有效再现复杂孔隙结构,和其他方法结合能够有效提升建模准确性,成为数字岩心建模越来越重要的方法。

　　混合法是两种及以上方法的结合,能够突出某方法的优点,避免该方法的不足,混合法成为数字岩心建模的重要实现手段,例如过程法＋模拟退火法,在过程法的基础上,以统计约束

条件为基础,能建立孔隙结构更为复杂的模型,该模型一方面具有过程法模型连通性好的优点,另一方面可控制建立与真实岩石孔隙结构更为一致的孔隙结构模型。再如过程法＋数学形态学,在过程法的基础上,通过数学形态学对孔隙结构进行特定改造,实现孔隙结构的特定变化,建立更为多样化的孔隙结构模型。

第四章 基于孔隙几何函数的三维数字岩心表征

前面几章介绍了应用物理实验法和数值模拟法建立三维数字岩心,在此基础上对数字岩心进行分析,目的是对数字岩心建模准确性和孔隙结构特征进行评价,内容包括孔隙的数量、形状、尺寸、分布、连通性、均质性、各向异性等特征,通过对数字岩心孔隙空间全面评价,能够更好地理解储层岩石性质。本章主要介绍孔隙的几何函数分析方法和代表体积元分析方法。

第一节 孔隙的几何函数分析

一、单点概率函数

假设多相介质中第 j 相所占区域位置为 v_j,第 j 相的相函数 $Z(r)$ 定义为

$$Z_j(r) = \begin{cases} 1, r \in v_j \\ 0, r \notin v_j \end{cases} \tag{4-1}$$

数字岩心通常表示为由固相基质和孔隙空间组成的两相介质,因此其相函数简化为

$$Z(r) = \begin{cases} 1, r \in p \\ 0, r \notin p \end{cases} \tag{4-2}$$

式中:r 表示一定距离上的像素;p 表示孔隙空间,即某像素只存在属于或不属于孔隙空间。

因此,数字岩心的孔隙度 ϕ 可由统计平均计算:

$$\phi = \overline{Z}(r) \tag{4-3}$$

孔隙度是数字岩心孔隙特征描述中最重要的参数之一,表示整个介质中孔隙空间所占有的比例,包括连通的有效孔隙和不连通的无效孔隙。

二、连通孔隙体积比

数字岩心孔隙空间分为连通的孔隙和不连通的孔隙,不连通的孔隙呈封闭状态,流体无法流入不连通孔隙中,这类孔隙对流体流动没有贡献。因此,引入连通孔隙体积比概念表征孔隙的连通程度(Yeong and Torquato,1998),连通孔隙体积比对流体流动属性有重要影响。连通孔隙体积比 f_p 定义为流体从某方向流入岩心渗流到另一端所流经的孔隙空间体积 V^* 占总体积 V 的比值:

$$f_b = \frac{V^*}{V} \tag{4-4}$$

三、孔隙尺寸分布函数

假设孔隙空间中任意一点,其到最近骨架基质的距离为 δ 至 $\delta+\mathrm{d}\delta$ 的概率为 $P(\delta)\mathrm{d}\delta$,则 $P(\delta)$ 定义为孔隙尺寸分布函数,其具有如下性质:

$$\int_0^\infty P(\delta)\mathrm{d}\delta = 1 \tag{4-5}$$

$$P(0) = \frac{s}{\phi} \tag{4-6}$$

$$P(\infty) = 0 \tag{4-7}$$

式中:ϕ 表示孔隙度;s 表示孔隙比表面积。

进一步,孔隙空间中任意点到骨架基质的平均距离 $\bar{\delta}$ 计算为

$$\bar{\delta} = \int_0^\infty \delta P(\delta)\mathrm{d}\delta \tag{4-8}$$

此外,孔隙尺寸累计分布函数 $F(\delta)$ 通过对 $P(\delta)$ 计算求出,并具有如下性质:

$$F(\delta) = \int_\delta^\infty P(z)\mathrm{d}z \tag{4-9}$$

$$F(0) = 1 \tag{4-10}$$

$$F(\infty) = 0 \tag{4-11}$$

四、局部孔隙度分布函数

数字岩心局部性质分析的基本思想表述为:选取数字岩心内部小尺寸范围用于分析孔隙度等性质,以获得微观孔隙结构的变化特征,从而评价孔隙性质。定义 $K(\vec{r},L)$ 表示以向量 $\vec{r}$ 的末端为中心、边长为 L 的三维小立方体,也称为测量单元。通过改变 $\vec{r}$ 和 L 的值,重复测量数字岩心局部小立方体的孔隙度,以获得变化规律,测量单元孔隙度表示为

$$\phi(\vec{r},L) = \frac{V[P \bigcap K(\vec{r},L)]}{V[K(\vec{r},L)]} \tag{4-12}$$

式中:$V(G)$ 表示集合 $G \subset R^d$ 的体积;P 表示数字岩心孔隙空间。

局部孔隙度分布函数 $\mu(\phi,L)$ 定义为

$$\mu(\phi,L) = \frac{1}{m}\sum_r \delta[\phi - \phi(\vec{r},L)] \tag{4-13}$$

式中:$\mu(\phi,L)$ 表示边长为 L、孔隙度为 ϕ 的小立方体所占的比例;m 为测量单元 $K(\vec{r},L)$ 的数量;$\delta(x)$ 表示狄拉克函数。

局部孔隙度分布函数反映了数字岩心的均质性,对于测量单元,如果 L 是固定的,分布函数曲线越集中靠近整个数字岩心孔隙度,则表示均质性越好。如果 L 越小时就能获得靠近孔隙度曲线开口越小的分布函数,说明均质性越好。

五、局部渗流概率函数

类似于局部孔隙度分布函数,局部渗流概率函数同样是以数字岩心内的小立方体为测试

单元,通过测试流体不同方向通过小立方体情况,评价数字岩心的连通性,渗流特征函数定义为

$$\Lambda_\alpha(\vec{r},L)=\begin{cases}1,K(\vec{r},L)\text{在}\alpha\text{方向可渗透}\\0,\text{否则}\end{cases} \quad (4\text{-}14)$$

式中:L 表示局部小立方体的边长;α 表示不同方向渗透情况,取值为 x、y、z、3、c。

通过分析测量单元 $K(\vec{r},L)$ 不同方向的渗流情况,α 取不同的值,如沿着 X、Y、Z 某些方向具有渗透性,则对应的 Λ_x、Λ_y、Λ_z 等于 1;X、Y、Z 三个方向都具有渗透性,$\Lambda_3=1$;至少存在一个方向具有渗透性,则 $\Lambda_c=1$。

局部渗流概率函数定义为

$$\lambda_\alpha(\phi,L)=\frac{\sum\limits_r \Lambda_\alpha(\vec{r},L)\delta[\phi-\phi(\vec{r},L)]}{\sum\limits_r \delta[\phi-\phi(\vec{r},L)]} \quad (4\text{-}15)$$

式中:$\lambda_\alpha(\phi,L)$ 表示边长为 L、孔隙度为 ϕ 在 α 方向具有渗透性的小立方体所占的比例。

进一步,以公式(4-15)为基础,经过局部孔隙度分布函数加权积分得到平均渗流概率函数,定义为

$$P_\alpha(L)=\int_0^1 \mu(\phi,L)\lambda_\alpha(\phi,L)\mathrm{d}\phi \quad (4\text{-}16)$$

式中:$P_\alpha(L)$ 表示边长 L 的测量单元沿 α 方向的平均渗流概率。

该函数是评价数字岩心各向异性和连通性的函数,沿 X,Y,Z 三个方向的平均渗流概率曲线的差异程度反映了三个方向岩石的各向异性差异。以立方体边长为横坐标,平均渗流概率为纵坐标,如 X、Y、Z 三个方向上的三条渗流概率曲线变化一致,则均质性好,如三条曲线分散,则分散程度反映了各向异性程度。渗流曲线升高越快、曲线越陡则表示孔隙连通性越好。

第二节　代表体积元及准确性分析

一、代表体积元分析的意义

不同地层不同岩石非均质性不同,以不同尺度看,只要研究对象尺度够大,任何小尺度上非均匀物体,在更大尺度上都可以认为是均质性的,但是研究尺度并不可能无限大,不同尺度上研究的重点也不同。在数字岩心尺度上,分析岩心的非均质性和代表性体积元是重要的,非均质性一定程度是样本固有的孔隙结构特性,选取样本的代表性体积元(Representative Elementary Volume,REV)是人为定义的一个概念,目的是希望研究对象一定程度上满足研究需求。在代表性体积元选取上,一方面是希望选取的数字岩心在该尺度上具有均质性,另一方面,由于有些岩石样本固有的强非均质性,想要获得完全均质的代表性样本较难实现,通过更好地理解非均质性和 REV 选取的关系是数字岩心研究的重要组成部分。

REV 一定程度上反映样本的微观孔隙结构差异,另外样本在该尺度上具有一定代表性。

例如在纳米尺度上孔隙形状是非均质的,在微米尺度上孔隙大小和分布可能是均质的;数字岩心尺度上孔隙形状和大小分布是非均质的,但是在地层尺度上岩石微观孔隙可能是均质的;地层的起伏分布是非均质的,但是在更大板块之间观察又可以假设其是均质的;大陆和海洋分布是非均质的,但是更大尺度的星系中又假设其是均质的,因为研究对象已经变成星球之间的比较。因此,对于非均质性概念,更需要考虑的应该是尺度问题以及该尺度中需要重点研究的对象。在数字岩心研究中,孔隙结构和矿物组分的特征及分布是重点考虑的对象,因为数字岩石物理研究的主要目的之一就是探究孔隙结构和矿物组分对岩石物理属性(例如电性、弹性、渗透性等)的影响机理和影响规律。

无限大的数字岩心是不现实的,如何选取和评价数字岩心典型代表性体积元对于孔隙结构表征研究和后续岩石物理属性分析是十分重要的。林伟等(2021)认为表征单元体分析蕴含着"微观与宏观""离散与连续""随机性与确定性"对立统一的关系,即数字岩心能够表征大尺度岩心的孔隙结构特征,体素的个数又不至于过大,体素无限增大对于数字计算机带来巨大计算问题。因此,理解并掌握数字岩心非均质性和 REV 分析是数字岩心研究的一项重要工作。以能完全表征真实岩心为原则,选取合适的岩心和像素大小,是建立数字岩心的重要过程之一,即代表元体积分析。在分辨率一定时,选取的三维数字岩心越大,包含的像素点越多,能够更加精确地表征岩石的孔隙结构性质特征。但是随着三维像素点的增加,基于三维数据进行分析和模拟研究时,对计算机的运算效率提出了更高要求,计算时间或将呈指数增加,因此不能无限制选取模型大小(像素点数量)。与此同时,代表元体积分析的目的是选取适合大小的数字岩心,既能准确表征岩石的特征,又能平衡内存和计算的要求。

在 REV 研究中一个重要的点是选取的数字岩心是否完全表征了实际岩心,即数字岩心是否正确表示了实际岩心,这里就涉及数字岩心准确性验证。特别是,对于应用数值方法建立的数字岩心,由于其建模过程通常是基于少量二维图像及统计信息而构建,因此如何评价数字岩心的准确性,以及判断选取的数字岩心是否表征了实际研究岩心对象的孔隙特征,开展数字岩心孔隙结构特征评价是十分重要的。通常有基于微观和宏观特征的方法来评价重构数字岩心的准确性,微观上通常是分析孔隙结构的准确性,前面介绍了基于二维统计信息随机法建立数字岩心,其中统计信息包括孔隙度、两点相关函数、线性路径函数等,以及上一节介绍的孔隙几何分析函数,如孔隙直径分布函数、局部孔隙度分布函数、局部渗流概率函数等都是分析数字岩心微观孔隙结构特征的有效方法。宏观特征分析是将数字岩心物理属性的数值模拟结果与实验测试结果进行比较,以验证数字岩心建模的准确性,物理属性通常有电性、弹性、绝对渗透率、相对渗透率等。通过基于数字岩心的宏观物性参数的模拟计算,与实际岩心实验室测试结果的比较,能够证明数字岩心的准确性,关于数字岩心微观结构和宏观属性验证的相关内容,可参考赵秀才(2009)、刘学锋(2010)、林伟等(2021)的文献。

二、基于孔隙度的数字岩心非均质性和 REV 分析

孔隙度是数字岩心最重要的参数之一。一方面,该参数影响着许多岩石性质,另一方面,该参数易获取,特别是对于由两相组成的数字岩心。因此,通过孔隙度的深入分析,能够评价

数字岩心孔隙结构性质,以及选取合适的代表元体积。

三维数字岩心是由大量体素点组成的系统,通过分析子模型(即更小的子体积)的孔隙度来评价数字岩心的非均质性程度和选取合适大小的 REV 是重要的,本书介绍了 3 种分析数字岩心孔隙度的方法。一是随机选取大量不同的子体积,通过子体积孔隙度变化,以及不同数字岩心子体积孔隙度之间的比较,对比分析不同数字岩心之间的均质性,以及分析多大尺度的子体积能够代表整体数字岩心。二是随机选取点,然后连续增大子模型边长,计算子模型孔隙度随边长的变化,通过曲线变化对比分析数字岩心的均质性情况。三是对数字岩心 X、Y、Z 三个方向切取二维切片,分析二维切片孔隙度变化,通过孔隙度的变化分析数字岩心非均质性程度。

选取 6 种代表性的三维数字岩心,通过分析孔隙度变化,判断数字岩心的非均质性,并且评价代表性孔隙结构特征。对比 6 种三维数字岩心,包括 Berea 砂岩、碳酸盐岩 C、胶结疏松的人造岩心 SP、砂岩 S1、砂岩 S2,以及过程法岩心模型 C12,表 2-1 列出了这 6 种岩心 X 射线 CT 数字岩心的物理参数,表 4-1 进一步列出了孔隙度参数。以这 6 种三维数字岩心为基础,通过分析对比子模型和切片孔隙度变化特征规律,评价数字岩心选取大小代表性和非均质性程度。

表 4-1　6 种数字岩心孔隙度参数

参数	Berea 砂岩	碳酸盐岩 C	人造岩心 SP	过程法岩心 C12	砂岩 S1	砂岩 S2
实验孔隙度/%	19.6	16.8	37.7	\	14.1	16.9
数字岩心孔隙度/%	19.645 3	16.830 8	37.713 6	19.564 9	14.130 3	16.857 0

1. 随机子模型孔隙度分析

数字岩心随机子模型孔隙度分析方法,首先选定子模型大小,这里选取体素边长间隔为 30,即 $30 \times 30 \times 30$、$60 \times 60 \times 60$、$90 \times 90 \times 90$ 等一系列子体积,子体积尽可能能有效统计孔隙度变化规律。每种大小的子体积选取 50 个,即在最大尺度数字岩心中随机选取 50 个 $30 \times 30 \times 30$ 的子模型、50 个 $60 \times 60 \times 60$ 的子模型、50 个 $90 \times 90 \times 90$ 的子模型等。最后计算这些子模型的孔隙度,统计并绘制子模型孔隙度随子模型变长的变化,如图 4-1 所示。

分析单个数字岩心子模型的孔隙度变化,以图 4-1(a)为例观察其孔隙度变化,横坐标为子模型边长,纵坐标为孔隙度,黑色点表示子模型孔隙度,红色长横线表示数字岩心总孔隙度,即最大尺度数字岩心的孔隙度,如表 4-1 中的数据。当子模型边长较小时,子模型的孔隙度在总孔隙度两侧上下变化,变化幅度大,最小为 0.016,最大为 0.47,孔隙度变化几乎达到 0.5,变化幅度很大,这是因为子模型很小,随机选取时受随机选取位置影响很大,也表明小的子模型之间非均质性程度很高,孔隙度差异很大,当然该子模型不能用于代表性模型。随着子模型边长增加,子模型孔隙度分布越来越集中,当子模型大小为 $210 \times 210 \times 210$ 时,50 个随机子模型的孔隙度分布已经非常集中,最小孔隙度为 0.190 2,最大孔隙度为 0.210 2,孔隙度差异最大才 0.02,这对于数字岩心孔隙度来说变化已经非常小,因此该尺度的数字岩心已经比较均质。随着子模型边长增加,总体趋势是子模型孔隙度分布越来越集中,当达到一定尺度大小时,子模型孔隙度几乎等于数字岩心整体总孔隙度,表明子体积达到一定规模后孔隙结构已经相对比较均质。此外,50个随机子模型的平均孔隙度如图中绿点所示,整个数字岩心的孔隙度如红线所示,为一定值。可以发现,50个统计平均孔隙度几乎等于总孔隙度,由于同一大小选取的50个点是随机的,因此说明50个点的统计数据已经足够用于子模型孔隙度的统计分析。

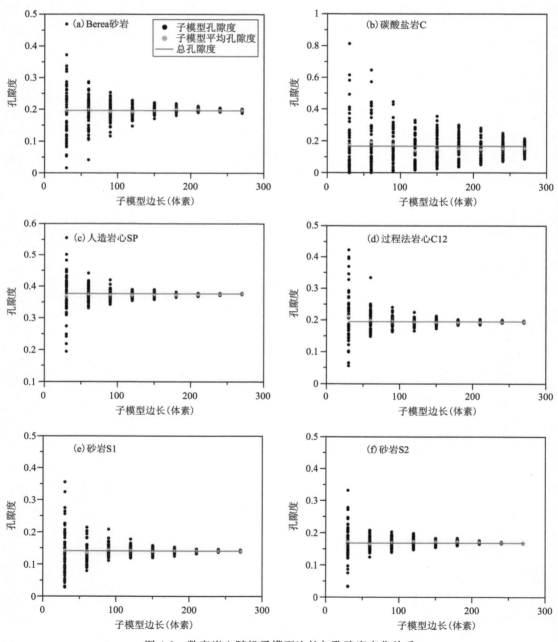

图 4-1　数字岩心随机子模型边长与孔隙度变化关系

图 4-1 显示了 6 种数字岩心子模型孔隙度变化的对比,观察 6 种数字岩心,总体特征是随着子模型边长增加,子模型孔隙度分布都更加集中,最后集中于总孔隙度两侧。孔隙度收敛下降的速度一定程度上反映了数字岩心的均质性,孔隙度分散点下降越快,即孔隙度集中速度越快,表明数字岩心的均质性程度越好。对比 6 种岩心,除了碳酸盐岩 C,其他 5 个岩心子模型孔隙度变化规律相似,即子模型孔隙度随边长的增加很快就集中于总孔隙度两侧,在子模型边长较大时,子模型孔隙度已经非常集中。然而,碳酸盐岩 C 不同于其他 5 个岩心,其子模型孔隙度分布更加分散,随子模型边长增加,集中程度很慢。该岩心纵坐标范围从 0 到 1,孔隙度变化范围比其他模型更广,在子模型为 $30 \times 30 \times 30$ 时,甚至占据了整个 0 到 1 的孔隙度范围,在子模型边长为 270 体素时,其孔隙度分布范围仍然较广,这些都说明碳酸盐岩 C 孔隙结构非均质性强,这与该类岩石固有的孔隙特征有关。因此,对于这类岩石在选取代表性数字岩心时往往是不容易的,如何更有效分析这类岩石的孔隙结构是重要的研究课题。

标准差体现了数据样本点与平均值的偏差程度,通过孔隙度标准差分析数字岩心子模型孔隙度的变化,为理解子模型孔隙度随岩心大小的变化和不同岩心之间非均质性对比提供定量化的参数。标准差 s 计算公式如下:

$$s = \sqrt{\frac{\sum_{i=1}^{n} (x_i - \bar{x})^2}{n}} \qquad (4\text{-}17)$$

式中:s 表示标准差;x_i 表示第 i 个统计样本;$\bar{x}$ 表示样本统计平均值;n 表示样本个数。

以相同大小子模型的 50 个样本为一个统计对象,计算出标准差,6 种数字岩心子模型孔隙度标准差随子模型边长的变化如图 4-2 所示。观察该图,随着子模型边长的增加,所有岩心子模型孔隙度标准差逐渐下降。除了碳酸盐岩 C 外,其他 5 个模型的曲线位置及变化趋势都非常接近,并且碳酸盐岩 C 标准差明显大于其他 5 个岩心模型的标准差,这反映了碳酸盐岩 C 具有更强的非均质性。此外,其他 5 个数字岩心,在子模型边长增加的最初阶段,标准差下降得快,后面下降变慢,逐渐平稳,说明子模型尺

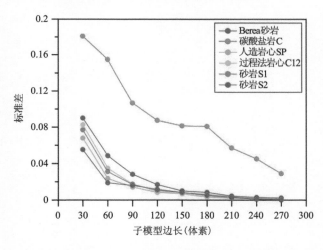

图 4-2　6 种数字岩心子模型孔隙度标准差随边长变化

寸增大的最开始阶段对于稳定孔隙度很重要,即子模型边长稍微增加,就能使子模型孔隙度分布更快集中于总孔隙度。然而,碳酸盐岩 C 即使边长达到 270,标准差仍然较大。子模型孔隙度标准差的变化及对比,都很好地对应了图 4-1 中子模型孔隙度的变化。这些大量随机子模型孔隙度的对比分析,对于理解和评价数字岩心非均质性和选取适当尺度代表性体积元具有参考作用。

2. 连续变化子模型孔隙度分析

连续变化子模型孔隙度分析,同样以数字岩心子模型孔隙度变化分析其均质性和代表性体积元,不同的是统计形式有所差异。首先,以整个三维数字图像为研究对象,随机选取一个像素点,以该点为中心建立边长(设为 a)不断变化的立方体模型,例如,图 4-3(b)显示了边长 a 分别等于 100 像素、200 像素和 300 像素时的立方体模型。然后,计算不同边长截取模型的孔隙度,通过连续变化其边长,重复计算这些立方体的孔隙度,能够建立边长 a 与孔隙度之间的关系曲线。再次随机选取不同的像素作为中心点,并重复上述的计算过程,即可计算出多条子模型孔隙度随边长(体素)变化的曲线。

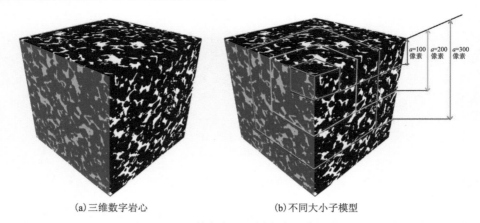

(a)三维数字岩心　　　　　　　　(b)不同大小子模型

图 4-3　三维数字岩心不同大小子模型示意图

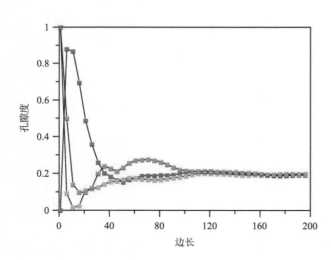

图 4-4　立方体模型孔隙度随边长 a 的变化曲线

图 4-4 显示了随机选取 3 个中心点,立方体子模型边长 a 与孔隙度的关系曲线,为了便于观察和成图,子模型边长变化间隔为 5 个像素。观察该图,当立方体模型的边长较小时,3 条孔隙度曲线的波动都很大,并且曲线之间的差异也很大;随着边长增大,3 条曲线的差异逐渐减小;当边长大于 120 时,3 条曲线逐渐稳定,并且与实验岩心的孔隙度基本一致,说明此时三维数字岩心相对均质,即能够代表岩石特征的最小单元。由此可知,该数字岩心的建模边长虽然为 400,但是边长为 120 已能够有效表征整个模型的孔隙度特征,说明该岩心均质性好。代表元体积分析对于确定岩心的最小像素单元、判断岩心的均质性、选取合适大小开展属性模拟等方面都具有重要作用。

此外,图 4-5 显示了 6 种数字岩心子模型孔隙度的变化对比,每个数字岩心随机选取 5 个点,然后以间隔 5 体素大小逐渐增加子模型,计算子模型孔隙度随子模型边长的变化。整体观察 6 种数字岩心,总体特征是随着子模型边长增加,子模型孔隙度曲线逐渐集中于总孔隙度直线,如果 5 条曲线都更快地会聚于直线附近,表明数字岩心的孔隙度具有更好的均质性。

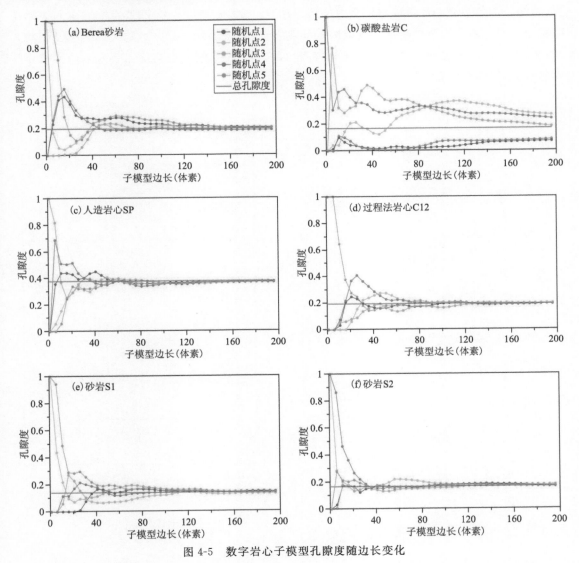

图 4-5　数字岩心子模型孔隙度随边长变化

对比观察 6 种岩心,除了碳酸盐岩 C 外,其他 5 个岩心子模型孔隙度变化规律相似,即子模型孔隙度随着边长的增加 5 条曲线都较快会聚于总孔隙度直线附近。然而,碳酸盐岩 C 不同于其他 5 个岩心,其子模型孔隙度变化曲线更加分散杂乱,没有显著规律,当体素达到 200 时 5 条曲线仍然远离数字岩心总孔隙度,这些曲线变化对比说明碳酸盐岩 C 孔隙结构非均质性更强,这与图 4-1 中碳酸盐岩 C 子模型孔隙度分析和均质性评价结果相对应,只是呈现的方式和突出的重点有所差异。

3. 二维切片孔隙度分析

三维数字岩心由三维体素组成,同时也正如物理实验法建模中由一系列二维图像叠加而成,因此三维数字岩心也可以看作是由二维切片所组成,通过统计 X、Y、Z 三个方向的切片孔隙度分析岩心的非均质性情况。选取的 6 种数字岩心像素大小为 $400 \times 400 \times 400$ 或者 $300 \times 300 \times 300$,以 X、Y、Z 三个方向逐个统计每张切片的孔隙度,绘制出切片孔隙度随切片编号的变化曲线,如图 4-6 所示。

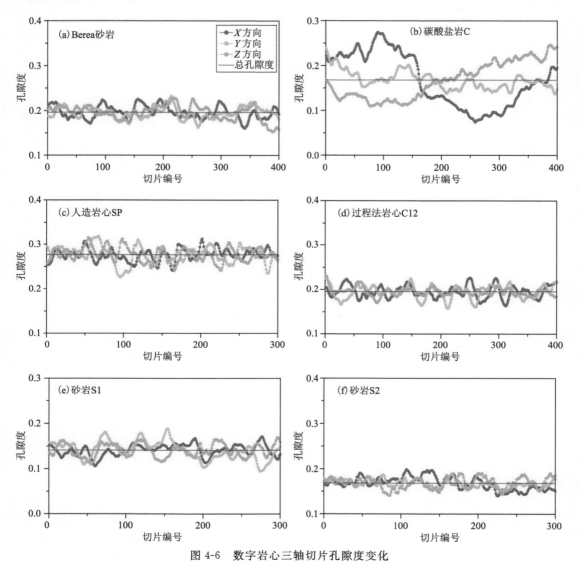

图 4-6　数字岩心三轴切片孔隙度变化

观察单个数字岩心切片孔隙度变化,观察图 4-6(a)Berea 砂岩切片孔隙度变化,三维数字岩心总孔隙度为一定值,用红色直线表示。X、Y、Z 三个方向的切片孔隙度在总孔隙度直线周围上下波动,波动幅度变化不大,最小值 0.153 5,最大值 0.233 3,平均值为总孔隙度 0.196 5,孔隙度上下波动在 0.08 范围以内,说明所有切片的孔隙比较均质,与前面的子模型孔隙度变化分析结果相对应。

图 4-6 显示了 6 种数字岩心 X、Y、Z 三个方向切片的孔隙度变化,为统一观察对比数字岩心之间的孔隙度变化差异,所有岩心纵坐标孔隙度的变化范围为 0.3。可以直观看出,除了碳酸盐岩 C 外,其他 5 个数字岩心切片孔隙度波动较小,在总孔隙度直线上下轻微波动,说明非均质程度较低。然而,碳酸盐岩 C 的切片孔隙度曲线波动明显,在总孔隙度直线上下显著波动,切片孔隙度最小值 0.074 7,最大值 0.274 9,波动幅度超过 0.2。碳酸盐岩 C 在 X、Y、Z 三个方向的波动规律不同,波动幅度也有差异,X 方向波动更为强烈,Y 方向波动相对平缓。这些孔隙度变化都反映了碳酸盐岩 C 孔隙结构的强非均质性。

此外,计算了 6 种数字岩心在 X、Y、Z 三个方向上的孔隙度标准差,绘制出 6 种岩心三轴切片孔隙度标准差对比,如图 4-7 所示。观察该图,可以分析数字岩心在不同方向上切片孔隙度均质性,即哪个方向孔隙度变化更大,标准差越大说明切片孔隙度波动越明显,例如 Berea 砂岩在 Z 方向比其他方向孔隙度波动更大;碳酸盐岩 C 在 X 方向波动更大,在 Y 方向波动相对平缓。进一步,对比不同数字岩心之间的均质性情况,除了碳酸盐岩 C 外,其他 5 个数字岩心三个方向和三个方向平均值的标准差都比较小,并且三个方向的标准差变化也不大,说明孔隙均质性较好。然而,碳酸盐岩 C 不仅三个方向平均值的标准差很高,而且不同方向之间标准差的差异也很大,量化说明了该数字岩心孔隙结构均质性强烈。通过数字岩心切片孔隙度标准差参数,能够量化孔隙非均质性,为评价单个数字岩心及数字岩心之间孔隙结构特征提供量化参数。

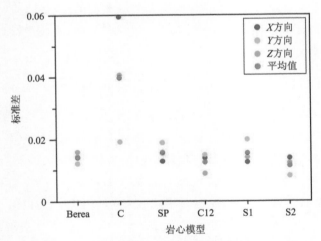

图 4-7 6 种数字岩心三轴切片孔隙度标准差对比

第五章　基于孔隙网络模型的三维数字岩心表征

孔隙网络模型通过多个孔喉参数表征三维数字岩心孔隙结构特征,能够充分反映孔隙空间大小、分布、连通关系等特性,并且是渗透率模拟计算的基础。本章介绍孔隙结构模型的发展以及孔隙网络模型建立过程,分析 CT 岩心和过程法岩心三维孔喉结构特征。

第一节　孔隙结构模型发展过程

按照模型与真实岩石的相似程度,以及孔隙和喉道的排列规则程度,可以将孔隙结构模型分为规则拓扑性质和真实拓扑性质。规则拓扑性质的孔隙结构模型,通常用规则、规律变化的形状物体表示真实岩石孔隙空间,该类模型的表征方式比较简单,通常与真实岩石孔隙结构存在较大差距,是一种理想化的模型,因此通常用于研究岩石的渗流机理(Man and Jing,1999;Lopez et al.,2003;侯健等,2005),该类模型包括毛细管束模型、毛管网络模型、规则孔隙网络模型等。基于数字岩心的孔隙网络模型是一种典型的真实拓扑性质的孔隙结构模型,该模型的孔隙和喉道较好地表征了实际岩石的孔隙空间关系,是最接近真实岩石的模型之一(闫国亮,2013;孙华峰,2017)。

一、毛细管束模型

毛细管束模型是早期提出的描述岩石孔隙的模型,该模型以一系列长度相等、互相平行、孔径不同的小细圆管表示,虽然模型简单,不足以准确表示真实岩石复杂的孔隙结构,但是由于物理意义清晰,并且能够应用"泊稷叶"定理研究模型的渗透性,因此为早期的地质学家所接受,该模型对于早期岩石物理学渗流规律研究具有重要意义(杨庆红等,2012;Liu et al.,2016)。然而,该模型由于过于简单,在岩石物理研究中存在几个难以解决的问题,例如模型中毛细管束只沿一个方向平行延伸,流体只能沿一个方向流动,因此表现出极端各向异性;毛管在延伸方向上直径不变,因此只能开展单向流的绝对渗透率计算,无法研究多向流的流动规律。为了克服毛细管束模型存在的这些问题,研究者们提出复合毛细管束模型,该模型中每条毛细管都由不同半径的细管组合而成,这种毛细管常被称为"气泡冷凝式"细管,图 5-1 为复合毛细管束模型示意图。毛细管束模型虽然作了一定的改进,但是在表征真实储层岩石方面仍然不太理想。

二、毛管网络模型

20 世纪 50 年代，Fatt(1956)提出利用一系列毛细管束建立规则形状的网络模型，被称为毛管网络模型。该模型以规则的网络形态为基础，利用不同半径的细管代表网络中的各个边。毛管网络模型相比于毛细管束模型，克服了极端各向异性问题，但由于网络是规则的，在表征真实多孔介质岩石孔隙空间时，仍然存在较大差距。受限于当时的计算条件，只研究了二维毛管网络模型，根据规则网络的结构形态，常用的有四边形、六边形、八边形等毛管网络，图 5-2 为六边形二维毛管网络模型示意图。

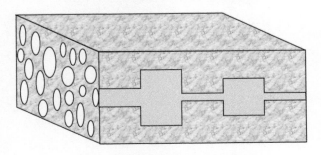

图 5-1　复合毛细管束模型示意图

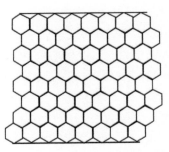

图 5-2　六边形二维毛管网络模型示意图

三、规则孔隙网络模型

毛管网络模型只考虑了不同半径的毛管束，没有提出孔隙和喉道的相关概念。实际岩石的孔隙空间是极其复杂的，存在相对较大和相对狭小细长的孔隙空间，不同的孔隙空间对流体的渗流影响存在差别，对于不同的孔隙空间形态如果只用不同半径的毛管束表示，显然不能有效模拟孔隙结构特征。因此，用不同形状的孔隙和喉道来表示实际岩石的模型的方法被提出来，规则孔隙网络模型是考虑了孔隙和喉道的典型模型之一。孔隙通常用球体、正方体等表示，喉道通常用柱体、锥体等表示，柱体是其中最常用的形式之一，只需改变柱体的截面形状，即可建立不同特征的喉道(Lopez et al.,2003)。孔隙和喉道的尺寸是模型重要的参数之一，根据研究目的的不同，有多种确定尺寸的方法，例如根据实际岩石物理统计资料、岩石薄片观测资料、特定分布函数等。研究者发现不同岩石的孔隙空间尺寸满足某些分布函数，利用分布函数能够简单的确定尺寸，并且方便研究渗流规律，常用的分布函数有两点分布、均匀分布、正态分布、Rayleigh 分布和威尔分布等。

目前，利用计算机可以方便的建立三维规则孔隙网络模型，相比于二维，三维模型具有更好的连通性，能更准确地开展渗流模拟，因此三维模型应用范围更广泛(Chatzis and Dullien,1977)。在规则孔隙网络模型中，最常用的类型是规则立方孔隙网络模型，如图 5-3 所示。规则孔隙网

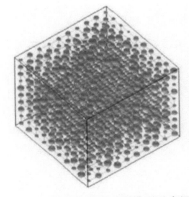

图 5-3　立方网格孔隙网络模型示意图

(闫国亮,2013)

络模型能够通过不同尺寸和不同形状的形体来表示孔隙和喉道,因此在形态上相比毛管网络模型更接近实际孔隙空间。立方孔隙网络模型的配位数最大只能为6,然而实际岩石的孔隙连通配位数不止为6,虽然通过调整模型的配位数信息可以实现某些参数与实际岩石相匹配,但是由于模型是严格规则的,因此与实际岩石孔隙空间仍然存在一定差距(Kwiecien et al.,1990)。该模型主要用于渗流机理研究,对于分析流体运移规律具有重要作用。

四、数字岩心孔隙网络模型

为了更有效地表征实际多孔介质的孔隙空间性质,需要建立准确度更高的孔隙结构模型,以模拟实际材料的孔隙空间及拓扑性质(Alyafei et al.,2016;Li et al.,2017)。Øren 和 Bakke(2003)在研究中表示,如果能准确表征岩石的骨架和孔隙空间性质,即准确建立表征岩石的润湿性、孔隙空间形状、孔隙连通性等性质的孔隙网络模型,则可以对该模型进行渗流属性研究,并得到准确的预测结果。

数字岩心建模方法有物理实验法和数值重构法,数字岩心是建立真实拓扑孔隙网络模型的基础。随着 X 射线 CT 技术的发展,能够直接建立与真实岩石孔隙结构等价的三维数字岩心。一方面,基于三维数字岩心,利用一定的数学算法,能够建立与数字岩心拓扑性质相同的孔隙网络模型。另一方面,数值模拟方法建立的数字岩心并不是直接反映真实岩石的孔隙空间,因此基于该数字岩心建立的孔隙网络模型与真实岩石仍存在一定差距,但是通过该方法可以定量研究微观因素对物理属性的影响规律。

不同的方法被用于提取三维数字岩心孔隙空间信息,进而建立孔隙网络模型。该模型是目前孔隙结构模型发展的最新形式,能够较好地表征岩石的孔隙结构特征。目前,建立孔隙网络模型的方法有多方向切片扫描法、多面体法、孔隙居中轴线法和最大球法。

多方向切片扫描法是提出较早的方法,该方法首先对数字岩心孔隙空间进行多个方向的二维扫描,获得多个二维切片,不同方向的切片在孔隙空间中最窄的位置表示喉道,孔隙空间中较大的位置表示孔隙,Zhao 等(1994)对多方向切片扫描法的基本原理和建模过程进行了深入研究。该方法的缺点是难以准确区分孔隙和喉道,但是为其他方法建模奠定了基础。

多面体法比较适用于过程法孔隙网络模型的构建。Bryant 和 Blunt(1992)及 Bryant 和 Raikes(1995)通过建立一个四面体单元提取得到孔隙和喉道信息。Bakke 和 Øren(1997)通过建立多面体,并不断膨胀多面体,从而定义出孔隙空间的孔隙部分和喉道部分。该方法对于规则颗粒球体能得到较好的结果,但是对于非规则颗粒则结果较差(Okabe and Blunt,2004)。

孔隙居中轴线法是常用的提取孔喉参数的方法,该方法将数字岩心孔隙空间假设为不同尺寸和不同形状的管状体,这些管状体根据孔隙空间的分布互相连接,将管状体中心连接为一条线,称为居中轴线(龚小明等,2016),居中轴线之间的交点表示孔隙,居中轴线的最窄位置表示喉道(Lindquist et al.,1996;Prodanovic et al.,2006)。该方法在建模过程中较难准确识别孔隙,所建立的孔隙网络模型与实际孔隙结构仍存在一定差距(赵秀才,2009)。

最大球法在建立孔隙网络模型时效率高、准确性好。Silin 等（2003）首先提出最大球的概念，利用一系列最大球来表示孔隙空间。在此研究的基础上，Al-Kharusi 和 Blunt（2007）对最大球区分为孔隙和喉道做出更全面的定义。Dong（2007）进一步改进最大球算法，能够更加准确和快速的建立孔隙网络模型。图 5-4 为利用 Dong 改进的最大球算法建立的Berea 砂岩数字岩心的孔隙网络模型示意图。

图 5-4　Berea 砂岩孔隙网络模型示意图

第二节　最大球方法建立孔隙网络模型

三维数字岩心将岩石表示为离散的数据体，固体骨架和孔隙空间用不同的数字表示，其孔隙空间极其复杂，很难直接分析孔隙空间特征。孔隙网络模型的基本思想是用一系列孔隙和喉道结构表示岩石的孔隙空间信息，较大的孔隙空间表示孔隙，孔隙之间较小的孔隙空间表示喉道。数字岩心与特定的孔隙空间表示方法相结合，建立表征孔隙空间关系的孔隙网络模型。最大球方法建立三维数字岩心的孔隙网络模型是一个复杂有序的过程，整个建模过程总结概括为四步：建立最大球、确定最大球连接关系、孔隙喉道识别和孔喉参数计算。

一、建立最大球

孔隙空间用一系列球体表示，最大球定义为孔隙空间中不被其他球完全包含的球体，在孔隙空间某一区域内半径最大的"最大球"定义为孔隙体，简称为孔隙。孔隙之间存在一系列最大球所组成的链路，在链路中半径最小的"最大球"定义为喉道。整个建模过程的第一步是建立孔隙空间中的一系列最大球。

在几何学中准确定义一个球，只需简单的确定球心位置和半径。数字岩心是数字化的三维离散数据体，通常用 0 或 1 表示，在三维数据体中不可能准确定义出一个球，球心位置可以用某个像素体表示，半径则不是一个确定的数值，设半径在最小和最大的范围内变化，最小值和最大值分别用 R_{left} 和 R_{right} 表示。

最大球的最大半径 R_{right} 表示孔隙中心位置 $C(x_c,y_c,z_c)$ 与最近的骨架位置 $V_g(x_g,y_g,z_g)$ 的距离：

$$R_{\text{right}}^2 = \text{dist}^2(C,V_g) = (x_g-x_c)^2 + (y_g-y_c)^2 + (z_g-z_c)^2, V_g \in S_g, C \in S \tag{5-1}$$

式中：S_g 为固体骨架体素点；S 为孔隙空间体素点。

R_{left} 表示在最大球的最大半径内孔隙中心位置 $C(x_c,y_c,z_c)$ 与孔隙空间最远位置 $V(x,y,z)$ 的距离：

$$R_{\text{left}}^2 = \max\{\text{dist}^2(V,C) \mid \text{dist}^2(V,C) < R_{\text{right}}^2, V \in S, C \in S\} \tag{5-2}$$

通过对最大球半径的定义，比较准确地确定其空间中的具体位置和半径值大小，理论上半径值的误差在 2 个像素体范围内。如果三维数字岩心建模分辨率高，则该误差的影响极小。如果建模分辨率较低，或者孔隙空间较小，则该误差不可忽略。

公式(5-1)和公式(5-2)对最大球的半径值作了清晰和明确的定义，为了更好地理解其物理意义，以一个实际例子进一步说明。图 5-5(a)显示了最大球的最大半径，图中黑色点表示离孔隙中心最近的固体骨架体素，从而 $R^2_{\text{right}} = 0^2 + 2^2 + 2^2 = 8$。图 5-5(b)显示了最大球的最小半径，图中黑色点表示离孔隙中心最远的孔隙空间体素，从而 $R^2_{\text{left}} = 1^2 + 1^2 + 2^2 = 6$。因此，孔隙空间最大球的半径值 R^2 范围为 6 到 8。

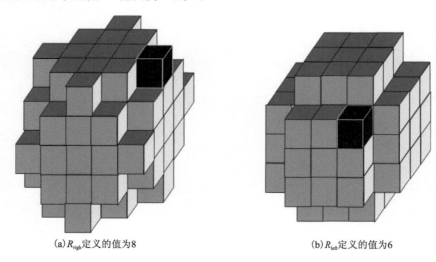

(a) R_{righ} 定义的值为8　　　　　　　　　　　　(b) R_{left} 定义的值为6

图 5-5　最大球半径定义示意图

数字岩心孔隙空间由一系列体素表示，以每个体素作为球心位置都能建立对应的最大球，这些最大球并不都准确表征了孔隙空间的信息，并且这些最大球相互交叉、相互包含，显得十分混乱，因此需要对某些最大球进行删除。设孔隙空间中两个最大球分别为 A 和 B，球心位置分别为 C_A 和 C_B，如果满足关系式 $\text{dist}(C_A, C_B) \leqslant (R_{\text{right\_}A} - R_{\text{left\_}B})$，则认为 B 球包含于 A 球中，需要对 B 球进行删除处理，删除多余的球为方便后续孔隙网络模型的建立。

二、建立连通关系

建立孔隙空间最大球是整个建模过程的第一步，此时的最大球还只具有单个球体的信息。下一步是确定这些最大球之间的关系，通过聚合作用，将一些临近的最大球进行结合，以组成一个最大球完整链路，该过程步骤如下。

(1) 对所有最大球按照粒径大小排序，然后按照排序进行分组，并且每组的最大球半径相等，为方便后续说明，假设第一组有 N 个最大球。

(2) 从第一组的第一个最大球开始，假设该最大球为 A，半径为 R，在 $2R$ 范围内，该最大球吸收半径小于或等于 R 的周围的最大球，并定义 A 球为祖先，被其吸收的球为下一代。

(3) 对第一组剩下的 $N-1$ 个最大球再进行排序，假设该组第二个最大球为 B，和 A 球类似，吸收 $2R$ 范围内小于或等于其半径的最大球。此时 B 最大球会出现两种情况，一种情况

是 B 最大球吸收周围的球,并且没有被 A 最大球吸收,此时定义 B 为新的祖先;另一种情况是 B 在吸收别的球时,同样被别的最大球吸收,此时定义 B 为该球的下一代。如果两个最高的祖先(最大球)同时包含一个子代最大球,该最大球定义为整条链路的喉道,祖先 A 及其吸收的最大球表示为多簇 A,祖先 B 及其吸收的最大球表示为多簇 B,如图 5-6 所示。

(4) 把第一组剩下的最大球再进行排序,然后按照上面的方法进行处理,当第一组所有的最大球完成以上过程,再进行下一组最大球。

(5) 按照排序好的组逐渐进行,直到所有最大球完成该过程,即完成了孔隙喉道链路的建立。

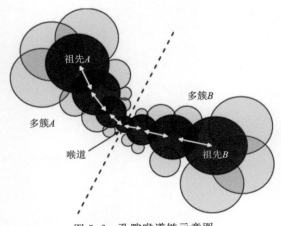

图 5-6　孔隙喉道链示意图

三、孔隙和喉道识别

所有最大球都建立起孔隙喉道链路后,还需要对孔隙之间多余的链路进行合并。在孔隙网络模型中,两个孔隙之间只存在一条喉道,但是两个祖先最大球之间往往存在多条链路,因此需要将多条链路合并为一条。此外,对于整条最大球链路,如何将这些最大球定义为具体的孔隙或喉道是非常重要的,通常的方法是最大球比值法,以喉道交点为中心将整条链路分成两部分,每部分中所有最大球与祖先最大球进行比值,以比值 0.7 为界,把大于 0.7 的最大球与祖先最大球进行结合,共同组成孔隙,把小于 0.7 的最大球合并组成喉道。

对以上最大球进行孔隙和喉道的判定,比值 0.7 对于整个判定影响很大,对后续的孔隙网络建模和渗流模拟具有影响。通过比值方法判断孔喉的优点是每个孔隙都有确定的配位数,但是判断的孔隙偏大,喉道偏短,从而使计算的渗透率偏大,对于这个问题,目前常用的方法是在计算孔喉参数时对此进行校正,图 5-7 为孔隙喉道长度校正的二维示意图,图中灰色为固体骨架,白色为孔隙空间,左右两边为祖先最大球,中间为喉道最大球,这些最大球的校正关系表示为

$$l_t = l_{ij} - l_i - l_j \tag{5-3}$$

$$l_i = l_i^t \left(1 - 0.6 \frac{r_t}{r_i}\right) \tag{5-4}$$

$$l_j = l_j^t \left(1 - 0.6 \frac{r_t}{r_j}\right) \tag{5-5}$$

式中：r_i、r_j 和 r_t 分别为孔隙 i（祖先最大球）、孔隙 j（祖先最大球）和喉道的半径；l_i、l_j 和 l_t 分别为孔隙 i、孔隙 j 和喉道的长度；l_i^t 和 l_j^t 分别为两孔隙中心到喉道中心的距离；l_{ij} 为喉道总长度。

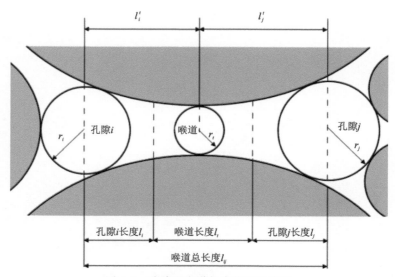

图 5-7　孔隙和喉道长度校正示意图

四、孔喉参数计算

孔隙网络模型建立以后，为了分析孔喉参数的特征，以及开展渗流模拟，并进一步研究微观因素的影响规律，需要了解孔隙网络模型中参数的定义以及计算过程，比较重要的几个参数包括配位数、孔隙和喉道的半径、长度、体积和形状因子（苏娜，2011）。

1. 孔隙配位数

某个孔隙所连接喉道的数量表示为该孔隙的配位数，配位数通常又被称为连接数，配位数的多少表示该孔隙连通性的强弱。平均配位数表示整个孔隙网络模型中总喉道的数量与总孔隙的数量比，平均配位数反映了数字岩心的拓扑性质，体现了模型孔隙之间的连通性。孔隙网络模型建立以后，只需统计每个孔隙所连接的喉道数量，即可得到所有孔隙配位数的分布情况。

2. 孔隙和喉道半径

数字岩心孔隙空间表示为孔隙网络模型中的孔隙或喉道，孔隙和喉道的半径是描述孔隙空间大小的参数，该参数影响着流体的储存和运移，是孔隙网络模型中重要的参数之一。孔隙的半径为孔喉链中祖先最大球的半径，喉道的半径为喉道链中最窄处最大球的半径。通过公式(5-1)和公式(5-2)能具体计算出最大球的半径,从而得到孔隙和喉道的半径,统计分析即可得到半径概率分布图。

3. 孔隙和喉道长度及体积

图5-7和公式(5-3)、公式(5-4)、公式(5-5)详细定义了孔隙和喉道的关系,图中可以看出喉道总长度为l_{ij},表示两个最大球中心点的距离;孔隙长度为l_i或l_j,喉道长度为l_t。孔隙网络模型对孔隙和喉道进行了划分,孔隙和喉道的体积通过计算对应的三维体素点即可得到。

4. 孔隙和喉道形状因子

孔隙网络模型通过定义形状因子G来描述孔隙空间的不规则程度,该参数影响着流体运移的方式、速度等,是孔隙网络模型中重要的参数之一。真实岩石的孔隙空间非常不规则,对渗流属性模拟具有较大影响,如果用规则的圆形毛细管表示,则无法开展多相流的模拟,因为多相流体无法在该形体中共存,因此需要用不同截面形状的柱体来表示孔隙或喉道的形状,形状因子G定义为(Mason and Morrow,1991)

$$G=\frac{VL}{A_s^2} \tag{5-6}$$

式中:V为孔隙体积;L为孔隙长度;A_s为孔隙表面积。

直接利用公式(5-6)计算形状因子比较困难,因此可以改写成

$$G=\frac{A}{P^2} \tag{5-7}$$

式中:A为孔隙截面面积;P为截面周长。

在孔隙网络模型中,孔隙和喉道都用不规则的形状来表示其截面形状,常用的形状有三角形、正方形、圆形等,不同形状的不规则程度用形状因子G定义,形状因子越小表示越不规则,图5-8显示了几种常见截面形状及其形状因子的大小。根据公式(5-7)可以计算出这几种形状的形状因子大小,正方形和圆形为确定的值,三角形可以构造出不同的形态,因此形状因子为一个区间,并且形状越扁平,G值越小。实际岩石的孔隙结构是非常不规则的,利用简单的形状不能完全表示,但是通过形状因子G的定义,使其尽可能与实际孔隙结构复杂性相对应。

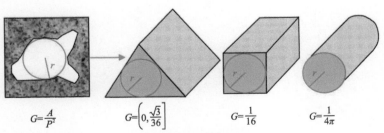

图5-8　孔隙和喉道截面形状因子

第三节　CT法数字岩心孔喉参数分析

CT法数字岩心表征了真实岩石的孔隙空间信息,三维数据体用0和1直接表示,0表示孔隙空间,1表示骨架,利用最大球建立孔隙网络模型,能够有效表征数字岩心中孔隙空间的关系,有利于分析孔隙结构的特征。

以9种CT扫描法数字岩心为基础,建立孔隙网络模型,如图5-9所示,红色小球表示孔隙,蓝色柱状体表示喉道,小球和柱状体并非孔隙空间结构的实际形状表征,而只是孔隙和喉道及其关系的示意。观察图5-9,结合表2-1X射线CT数字岩心的物理参数分析:Berea砂岩均质性好,孔隙连通性好,网络模型均质性好,孔隙和喉道连通关系均匀。碳酸盐岩C孔隙网络模型的孔喉分布极不规则,某些部分存在较多孔喉,有些部分则是完全的骨架,并且存在大量无喉道连接的孔隙体,说明非均质性极强,连通性弱,该岩心孔隙结构特征不利于流体的运移,因此实验渗透率小。人造岩心SP均质性好,孔隙和喉道都比较大,孔隙之间有较多的喉道连接,连通性好。砂岩S2和S3均质性较好,存在大量孔隙和喉道,但是孔隙和喉道都很小,喉道尺寸对渗透性有巨大影响,因此喉道尺寸很小不利于流体流动。砂岩S4和S5的孔隙和喉道很大,特别是大孔隙之间存在较多的喉道连接,极大地提高了流体运移的效率,因此渗透率较大。砂岩S1和S6的孔隙和喉道分布均匀,孔喉尺寸大小介于两者之间。

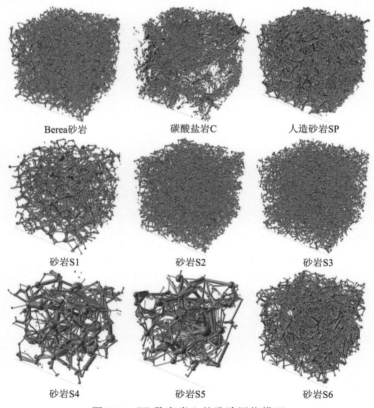

Berea砂岩　　　碳酸盐岩C　　　人造砂岩SP

砂岩S1　　　砂岩S2　　　砂岩S3

砂岩S4　　　砂岩S5　　　砂岩S6

图 5-9　CT 数字岩心的孔隙网络模型

　　由于岩心数量较多,本节只重点分析 6 种数字岩心孔隙网络模型的孔喉参数分布特征,包括 Berea 砂岩、碳酸盐岩 C、胶结疏松的人造岩心 SP、砂岩 S1、砂岩 S2,以及过程法岩心模型 C12。表 2-1 列出了 X 射线 CT 数字岩心的物理参数,为了便于分析孔隙度、渗透率和孔喉参数之间的关系,表 5-1 列出了 CT 岩心实验测量参数和过程法岩心模拟结果。以这 6 种岩心为基础,通过最大球法建立与数字岩心等效的孔隙网络模型,统计孔隙网络模型的主要参数,如表 5-2 所示。以下主要从孔隙尺寸、喉道尺寸、孔隙形状、喉道形状、配位数 5 个方面对孔隙网络模型的孔喉参数特征进行分析,通过孔喉参数进一步分析岩心孔隙结构。

表 5-1　6 种数字岩心孔隙度和渗透率参数

参数	Berea 砂岩	碳酸盐岩 C	人造砂岩 SP	过程法岩心 C12	砂岩 S1	砂岩 S2
孔隙度/%	19.6	16.8	37.7	19.6	14.1	16.9
渗透率/$\times 10^{-3}\mu m^2$	1286	72	35 300	1 227.76	1678	224

表 5-2　孔隙网络模型参数统计

模型参数		Berea 砂岩	碳酸盐岩 C	人造岩心 SP	过程法岩心 C12	砂岩 S1	砂岩 S2
模型边长/μm	X	2138	2138	3000	1600	2604	2730
	Y	2138	2138	3000	1600	2604	2730
	Z	2138	2138	3000	1600	2604	2730
模型孔隙度/%		19.65	16.83	37.71	19.56	14.13	16.86
模拟渗透率/$\times 10^{-3}\mu m^2$		1 093.82	136.88	32 942.90	1 227.76	1 486.10	253.56
孔隙总数		6298	6805	2841	1736	1726	7619
喉道总数		12 557	9260	12 318	5876	2938	13 801
孔隙半径/μm	最大值	71.49	106.37	102.20	47.08	115.34	76.82
	最小值	2.23	2.22	4.31	3.37	4.11	3.77
	平均值	15.34	13.22	38.33	18.89	27.27	18.33
喉道半径/μm	最大值	56.48	110.84	72.82	36.87	57.83	40.64
	最小值	0.54	0.54	1.01	0.80	0.87	0.91
	平均值	7.12	6.56	15.23	6.81	12.52	7.84
配位数	最大值	30	40	38	22	20	30
	最小值	0	0	0	1	0	0
	平均值	3.92	2.65	8.54	6.65	3.29	3.55
孔隙形状因子	最大值	0.062 0	0.058 2	0.050 1	0.055 4	0.056 5	0.058 1
	最小值	0.010 0	0.008 4	0.008 2	0.013 4	0.011 0	0.011 8
	平均值	0.027 7	0.028 6	0.020 4	0.024 8	0.029 1	0.029 0

续表 5-2

模型参数		Berea 砂岩	碳酸盐岩 C	人造岩心 SP	过程法岩心 C12	砂岩 S1	砂岩 S2
喉道 形状因子	最大值	0.062 5	0.062 5	0.062 5	0.062 5	0.062 5	0.062 5
	最小值	0.007 5	0.005 9	0.008 9	0.008 7	0.005 6	0.005 9
	平均值	0.031 2	0.031 3	0.031 3	0.031 3	0.031 5	0.031 2
孔隙体积/ μm^3	最大值	1.07×10^7	6.05×10^7	4.25×10^7	3.46×10^6	3.54×10^7	1.84×10^7
	最小值	2.90×10^3	3.51×10^3	2.40×10^4	1.74×10^4	1.64×10^4	1.73×10^4
	平均值	2.69×10^5	2.19×10^5	3.29×10^6	3.98×10^5	1.26×10^6	3.87×10^5
喉道体积/ μm^3	最大值	5.83×10^5	1.48×10^6	2.13×10^6	2.73×10^5	3.54×10^6	7.95×10^5
	最小值	1.53×10^2	1.53×10^2	1.00×10^3	5.12×10^2	6.55×10^2	7.54×10^2
	平均值	1.79×10^4	1.52×10^4	6.81×10^4	1.88×10^4	1.08×10^5	3.33×10^4

一、孔隙尺寸

孔隙网络模型有效的表征了数字岩心孔隙空间,孔隙尺寸是孔喉参数之一,通过对比不同岩心的孔隙尺寸分布,能够分析不同岩心的孔隙结构特征。横坐标为孔隙半径,纵坐标为不同孔隙半径的概率,孔隙半径统计间隔为 2 μm,6 种岩心的孔隙半径分布曲线如图 5-10 所示,6 种岩心按顺序分别为 Berea 砂岩、碳酸盐岩 C、人造岩心 SP、过程法岩心 C12、砂岩 S1 和砂岩 S2。

观察图 5-10,总的来看,除了人造岩心 SP 和砂岩 S1 外,其他岩心曲线形态类似,即在孔隙半径较小时曲线迅速升高,到达最高值后又迅速降低,曲线后支延伸很长,并且纵坐标数值很小,这类曲线说明小孔隙占比较大。观察表 5-2 中平均孔隙半径,6 种岩心分别为 15.34 μm、13.22 μm、38.33 μm、18.89 μm、27.27 μm 和 18.33 μm,碳酸盐岩 C 的值最小,人造岩心 SP 的值

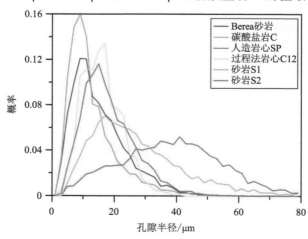

图 5-10　孔隙半径概率分布曲线

最大。此外,碳酸盐岩 C 的曲线分布范围最窄,曲线最高点对应的孔隙半径最小,曲线下降最迅速,说明该岩心具有较多的小孔隙结构。人造岩心 SP 的曲线形态明显不同于其他曲线,曲线近似正态分布,孔隙半径分布范围最广,曲线下降缓慢,说明该岩心中大孔占比较多,有利于流体的存储和流动。相比于碳酸盐岩 C 和人造岩心 SP 的曲线特征,其他岩心的曲线形态处于中间变化,Berea 砂岩、过程法岩心 C12 和砂岩 S2 的曲线变化比较类似。图 5-10 能够非常直观地显示不同岩心的孔隙尺寸分布特征。

二、喉道尺寸

喉道是流体流动的通道,对流体的运移和渗透率的计算具有很大影响。横坐标为喉道半径,纵坐标为不同喉道半径的概率,喉道半径统计间隔为 2 μm,6 种岩心的喉道半径分布曲线如图 5-11 所示。

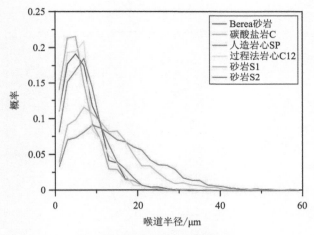

图 5-11　喉道半径概率分布曲线

观察图 5-11,总的来看,除了人造岩心 SP 和砂岩 S1,其他岩心曲线形态类似,即在喉道半径较小时曲线迅速升高,最大值较大,之后又迅速降低,曲线后支纵坐标数值很小,这类曲线说明小喉道占比较大。观察表 5-2 中平均喉道半径,6 种岩心分别为 7.12 μm、6.56 μm、15.23 μm、6.81 μm、12.52 μm 和 7.84 μm,碳酸盐岩 C 的值最小,人造岩心 SP 的值最大。相比于孔隙尺寸分布,喉道尺寸分布更加集中,偏向于半径为 0 的方向,曲线最大值对应的概率值更大,由于岩心中较大的孔隙空间表示孔隙,孔隙连接的小孔隙空间表示喉道,一定程度上说明孔隙网络模型建模是准确和合理的。此外,碳酸盐岩 C 的曲线分布范围最窄,曲线最高点对应的喉道半径最小,曲线下降最迅速,说明该岩心以小喉道为主。人造岩心 SP 曲线分布范围最广,曲线下降缓慢,说明岩心大喉道较多,有利于流体流动。其他岩心的曲线形态处于中间变化。图 5-11 能够非常直观地显示不同岩心的喉道尺寸分布特征。

三、孔隙形状

孔隙形状是孔隙网络模型的参数之一,表示孔隙的不规则程度,通过孔隙形状因子 G 定义,G 越大意味着孔隙形状越规则。6 种岩心的孔隙形状因子分布曲线如图 5-12 所示,横坐标为孔隙形状因子,纵坐标为对应的概率,统计间隔为 0.002。三角形的 G 值为一个区间,正方形和圆形的 G 值为定值,因此图中出现曲线和单个数据点。

   观察图 5-12,总的来看,所有岩心曲线形态近似正态分布,其中 Berea 砂岩、碳酸盐岩 C、砂岩 S1 和砂岩 S2 4 条曲线形态差别不大,说明这 4 个岩心孔隙形状比较接近。人造岩心 SP 曲线最大值对应的形状因子较小,曲线整体偏左,说明它的孔隙形状更加不规则,这是因为人造岩心是利用不规则颗粒堆积形成的,颗粒棱角分明,并且没有经过胶结成岩过程。过程法岩心 C12 孔隙形状分布介于中间,相对于其他 4 种岩心偏左,这是因为岩石骨架由颗粒小球堆积,骨架接近球体,但是颗粒之间的孔隙空间通常不是球体,而是比较复杂的星形体,真实岩石经过复杂成岩作用及流体磨蚀作用,孔隙空间通常更加圆滑。人造岩心 SP 虽然孔隙形状复杂,但是渗透率很大,过程法岩心 C12 的渗透率也较大(表 5-2),说明孔隙形状因子不是影响渗透率的关键因素。

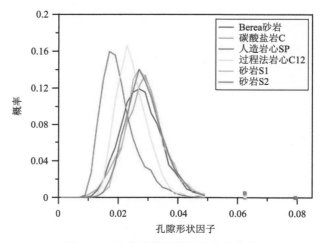

图 5-12   孔隙形状因子概率分布曲线

四、喉道形状

   横坐标为喉道形状因子,纵坐标为对应的概率,统计间隔为 0.002,6 种岩心的喉道形状因子分布曲线如图 5-13 所示。从图中可知,6 条曲线近似满足正态分布,曲线形态基本一致,曲线最高点对应的形状因子基本一致,说明最大球法提取 6 种岩心的喉道形状基本一致。

五、配位数

   配位数是孔隙网络模型中最重要的参数之一,表征孔隙空间连通性的强弱,对渗透率具有很大影响,通过分析配位数分布,能够有效分析岩石的拓扑性质。横坐标为配位数,纵坐标为对应的概率,配位数统计间隔为 1,6 种岩心的配位数分布曲线如图 5-14 所示。

   观察图 5-14,总的来看,除了人造岩心 SP 和过程法岩心 C12,其他岩心曲线形态类似,即在配位数较小时曲线迅速升高,到达最高值后又迅速降低。观察表 5-2 中平均配位数,6 种岩

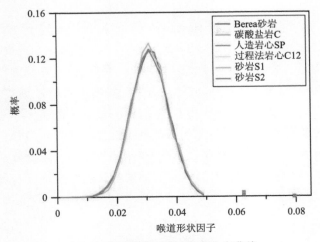

图 5-13　喉道形状因子概率分布曲线

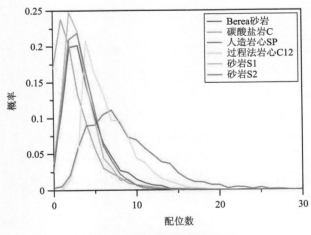

图 5-14　配位数概率分布曲线

心分别为 3.92 μm、2.65 μm、8.54 μm、6.65 μm、3.29 μm 和 3.55 μm,碳酸盐岩 C 的值最小,人造岩心 SP 的值最大。此外,碳酸盐岩 C 的曲线分布范围最窄,曲线最靠左,曲线最高点对应的配位数最小,曲线下降最迅速,说明该岩心孔隙之间的连通喉道较少,孔隙连通性差。人造岩心 SP 的曲线形态不同于其他曲线,曲线分布范围最广,曲线下降缓慢,说明该岩心孔隙之间的连通喉道较多,孔隙连通性较好,有利于流体的运移流动。过程法岩心 C12 的平均配位数较高,为 6.65,曲线形态分布较广,配位数较大,孔隙的连通性较好。其他岩心的配位数分布处于中间变化。图 5-14 能够非常直观地显示不同岩心的配位数分布特征,用以评价孔隙空间的连通情况。

第四节　过程法数字岩心孔喉参数分析

利用过程法构建了孔隙结构逐渐变化的五类岩心模型,包括骨架颗粒分布不同的岩心模型 A,经过压实作用的岩心模型 B,不同胶结类型的三类岩心模型,分别为均匀胶结模型 C,胶结物优先沿小孔隙空间(喉道)胶结的模型 D,胶结物优先沿大孔隙空间(孔隙)胶结的模型 E,每类模型都具有独特的孔隙结构特征,利用孔隙网络模型能够有效的分析这些特征。本节主要分析这五类岩心模型的孔隙网络模型以及孔喉参数变化特征,通过五类岩心模型的对比能更加清晰的认识每类岩心模型的孔隙结构特征,而这些孔隙结构特征又影响着数字岩心的物理属性。

一、孔隙网络模型

利用最大球方法计算五类过程法岩心模型的孔隙网络模型,下面具体分析每类模型的特征。

1. 岩心模型 A

岩心模型 A 有 15 个子模型,从 A1 到 A15,粒径逐渐增加、平均颗粒半径逐渐减小、分选性逐渐变差,孔隙结构总的变化趋势是孔隙空间逐渐变小、孔隙空间更加分散、复杂性增加。首先观察松散堆积岩心的孔隙网络模型,如图 5-15 所示,A1、A8 和 A15 孔隙网络模型的变化趋势正好对应了数字岩心建模的分析,网络模型逐渐变化的特征很好地反映了数字岩心孔隙结构逐渐变化的特征。孔隙和喉道的尺寸逐渐变小,反映数字岩心孔隙空间逐渐变小;孔隙和喉道的数量逐渐增加,反映当数字岩心孔隙度变化不大时,孔隙空间更加分散;孔隙和喉道更加分散,连通关系更加复杂,反映了数字岩心整体复杂性增加。此外,所有孔隙网络模型的均质性好,与人造岩心 SP 和均质砂岩的孔隙网络模型类似,说明过程法数字岩心 A 一定程度上再现了实际均质岩心的孔隙结构特征。

此外,以松散堆积模型经过压实胶结作用构建的数字岩心为基础,建立孔隙网络模型,观察孔隙度为 20％子模型 A1、A8 和 A15 的孔隙网络模型,如图 5-16 所示。从 A1 到 A15,所

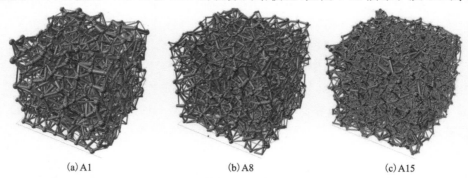

(a)A1　　　　　　　(b)A8　　　　　　　(c)A15

图 5-15　A1、A8、A15 松散堆积数字岩心的孔隙网络模型

有子模型孔隙度都为 20%,由于建模骨架颗粒分布不同,孔隙结构存在差异,图 5-16 与图 5-15 的孔隙网络模型变化特征类似,同样可以概括为孔隙和喉道尺寸逐渐变小,数量逐渐增加,连通关系更加复杂。需要注意的是,当数字岩心模型尺寸和孔隙度相同时,并不是孔隙和喉道的数量越多越有利于流体流动,相反数量越多越不利于流体流动,这是因为数量越多意味着孔隙和喉道的尺寸会减小,喉道尺寸大小才是影响渗透率的关键因素。

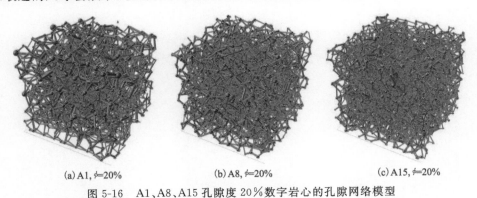

(a) A1, ϕ=20%　　　(b) A8, ϕ=20%　　　(c) A15, ϕ=20%

图 5-16　A1、A8、A15 孔隙度 20% 数字岩心的孔隙网络模型

2. 岩心模型 B

岩心模型 B 及后续的岩心模型 C、D、E 都是以 A10 子模型为初始模型,经过一定的压实或胶结作用模拟得到的数字岩心模型,都选取最接近孔隙度分别为 30%、20% 和 10% 的三个子模型,以显示其孔隙网络模型,进而分析网络模型的变化特征。

岩心模型 B 有 32 个子模型,从 B1 到 B32,压实作用逐渐增强,孔隙空间逐渐被压缩,孔隙度逐渐减小。观察岩心模型 B 的孔隙网络模型,如图 5-17 所示,B8、B16 和 B25 的变化趋势很好地反映了数字岩心孔隙结构的变化特征。孔隙和喉道的尺寸逐渐变小,反映数字岩心孔隙空间逐渐减小;孔隙之间的连通性逐渐减弱,反映压实作用使孔隙空间的连通作用逐渐减弱。随着孔隙度的降低,孔隙网络模型的均质性没有出现明显变化,即各部分之间没有出现明显的差异性。另外,随着压实作用增强,孔隙度降低,将使岩石的抗压缩性增强,岩石骨架的刚度逐渐增加,最终使弹性模量和波速度增加。

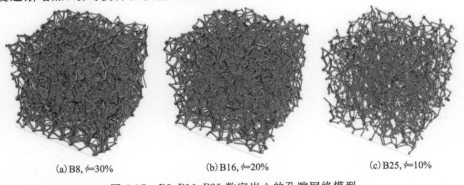

(a) B8, ϕ=30%　　　(b) B16, ϕ=20%　　　(c) B25, ϕ=10%

图 5-17　B8、B16、B25 数字岩心的孔隙网络模型

3. 岩心模型 C

岩心模型 C 有 28 个子模型,从 C1 到 C28,均匀一致胶结作用逐渐增强,孔隙空间逐渐被胶结物填充,孔隙度逐渐减小。观察数字岩心的孔隙网络模型,如图 5-18 所示,C6、C12 和 C20 的变化趋势反映了数字岩心孔隙结构的变化特征。孔隙和喉道的尺寸逐渐变小,反映数字岩心孔隙空间逐渐减小;孔隙之间的连通性逐渐减弱,反映均匀胶结作用使孔隙空间的连通作用逐渐减弱,并且孔隙网络模型的均质性没有出现明显变化。均匀胶结岩心模型与压实岩心模型的孔隙结构变化特征非常相似,因此孔隙网络模型的变化特征也非常类似。

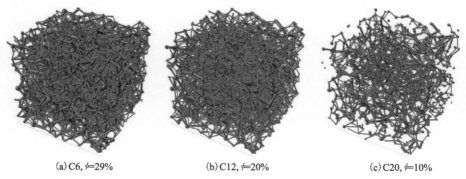

(a) C6,$\phi=29\%$ (b) C12,$\phi=20\%$ (c) C20,$\phi=10\%$

图 5-18 C6、C12、C20 数字岩心的孔隙网络模型

4. 岩心模型 D

岩心模型 D 有 18 个子模型,从 D1 到 D18,胶结物优先沿小孔隙空间(喉道)生长,胶结作用逐渐增强,孔隙空间逐渐被胶结物填充,孔隙度逐渐减小,孔隙结构逐渐变化。观察数字岩心的孔隙网络模型,如图 5-19 所示,D6、D11 和 D15 孔隙网络模型的变化趋势与均匀胶结岩心孔隙网络模型有很大不同,随着胶结作用增强,小孔隙空间被逐渐封闭,因此孔隙网络模型的喉道迅速减少,当孔隙度为 10% 时[图 5-19(c)],喉道几乎没了,孔隙之间已完全孤立,此时的渗透率为 0。另外,胶结物优先沿喉道胶结,将使岩石的抗压缩性增强,有利于增加岩石骨架的刚度,最终使弹性模量和波速度增加。

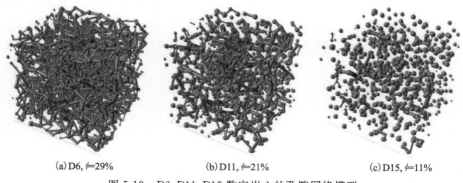

(a) D6,$\phi=29\%$ (b) D11,$\phi=21\%$ (c) D15,$\phi=11\%$

图 5-19 D6、D11、D15 数字岩心的孔隙网络模型

5. 岩心模型 E

岩心模型 E 有 20 个子模型,从 E1 到 E20,胶结物优先沿大孔隙空间(孔隙)生长,胶结作用逐渐增强,孔隙空间逐渐被胶结物填充,孔隙度逐渐减小,孔隙结构逐渐变化。观察数字岩心的孔隙网络模型,如图 5-20 所示,E5、E11 和 E17 孔隙网络模型的变化趋势与岩心 C 和 D 的孔隙网络模型都有很大不同,随着胶结作用增强,大孔隙空间被逐渐填充,填充物和骨架颗粒之间仍然存在较小的孔隙空间,形成新的孔隙或喉道,因此孔隙网络模型的孔隙或喉道尺寸逐渐变小,但是孔隙和喉道的数量在一定孔隙度范围内有所增加(见下面孔喉参数统计分析),当孔隙度为 10% 时[图 5-20(c)],孔隙和喉道的数量仍然比较多,但是尺寸半径已经减小很多。胶结物优先沿孔隙胶结,骨架颗粒接触点之间没有形成牢固的胶结体,当三种胶结类型岩心孔隙度相同时,该类岩心模型的抗压缩性最弱,岩石骨架的刚度最小,最终使弹性模量和波速度都最小。关于基于数字岩心探究渗透性和弹性等物性不是本书研究的重点,因此不在此处详细论述。

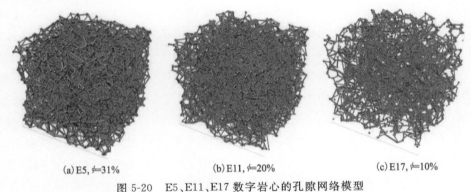

(a) E5, ϕ=31%　　(b) E11, ϕ=20%　　(c) E17, ϕ=10%

图 5-20　E5、E11、E17 数字岩心的孔隙网络模型

二、孔喉参数统计分析

前面对五类过程法数字岩心的孔隙网络模型进行了总体观察和分析,进一步通过平均孔喉参数的统计分析,能更加全面地表征数字岩心的孔隙结构特征。岩心模型 B、C、D 和 E 在建模时都有一个明显的特征,就是岩心模型的孔隙度随着建模参数逐渐变化(即四类模型的孔隙结构和孔隙度随着岩心编号逐渐变化),研究这些岩心孔喉参数随孔隙度的变化特征以及它们之间的对比分析,能更加全面地了解孔隙结构之间的差异,有利于分析数字岩心孔隙结构特征。

1. 孔隙和喉道总数

四类岩心模型孔隙和喉道总数的变化曲线分别如图 5-21(a)和(b)所示。总体来看,随着孔隙度减小,四类模型的孔隙和喉道总数变化曲线之间差异很大,然而每类岩心模型孔隙和喉道总数两者之间的曲线变化趋势类似,换句话说,不同颜色点之间的曲线变化差异很大,相同颜色点之间的曲线变化趋势类似。

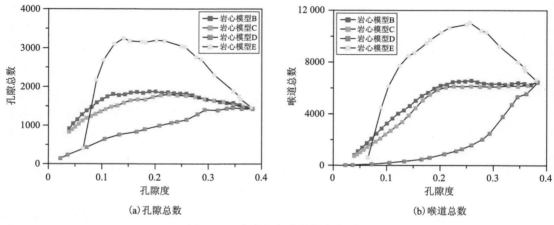

(a)孔隙总数　　　　　　　　　(b)喉道总数

图 5-21　孔隙和喉道总数变化对比

　　岩心模型 B 和 C 孔喉总数变化曲线差别不大;随着孔隙度降低,两类岩心模型孔隙总数先轻微升高然后逐渐降低,喉道总数先基本保持不变,然后在孔隙度为 0.2 左右时逐渐降低,这与孔隙网络模型的整体直观观察是一致的。优先喉道胶结的岩心模型 D,在孔隙度相同时,孔隙和喉道总数都明显小于其他岩心模型;随着孔隙度的降低,孔隙总数先基本保持不变,然后在孔隙度为 0.3 左右时逐渐降低,并且最终接近于 0;喉道总数从最开始就不断降低,并且最开始下降的特别迅速,当孔隙度降低为 0.3 时,喉道总数从 5000 左右减少到 2000 左右,减少了 60%,后续喉道总数减小幅度逐渐变弱,直至为 0;岩心模型 D 孔隙和喉道总数的变化特征深刻地体现了胶结物优先沿喉道胶结的特征。优先孔隙胶结的岩心模型 E,在孔隙度大于 0.1 时,孔隙和喉道总数都明显大于其他岩心模型;随着孔隙度降低,孔隙总数先逐渐上升,然后保持平稳,最后在孔隙度为 0.15 左右时急速降低;喉道总数先逐渐上升,然后在孔隙度为 0.25 左右时逐渐降低,并且降低的速度越来越快,直至减小为 0 左右;岩心模型 E 孔隙和喉道总数的变化特征正好与前面的孔隙网络模型解释相对应。

2. 孔隙和喉道尺寸

　　四类岩心模型孔隙和喉道平均半径的变化曲线分别如图 5-22(a)和(b)所示。总体来看,随着孔隙度减小,岩心模型 B、C 和 E 有相似的变化趋势,都是逐渐减小,岩心模型 D 与之相比有巨大的差异,平均半径曲线有逐渐上升的趋势。

　　岩心模型 B 和 C 孔喉平均半径变化曲线差别不大,特别是当孔隙度大于 0.2 时,两类模型的曲线基本重叠一致,孔隙度小于 0.2 时两条曲线出现细微的差别;随着孔隙度降低,两类岩心模型平均孔隙和喉道半径都表现为逐渐降低;随着孔隙度的降低,平均孔隙半径从 25 μm 左右逐渐降低至 12 μm 左右,降低了 50% 左右;平均喉道半径从 10 μm 左右逐渐降低至 5 μm 左右,同样降低了 50% 左右。在孔隙度相同时,喉道胶结岩心模型 D 的孔隙和喉道平均半径都明显大于其他岩心模型;随着孔隙度降低,孔隙和喉道平均半径都逐渐上升;孔隙半径上升的幅度不明显,从 25 μm 左右上升至 35 μm 左右;喉道平均半径上升幅度很大,从 10 μm 左右

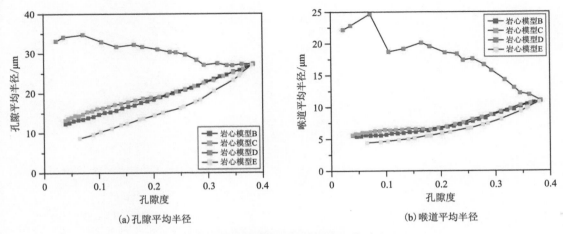

(a) 孔隙平均半径   (b) 喉道平均半径

图 5-22 孔隙和喉道平均尺寸变化对比

上升至 23 μm 左右,增加了 1.3 倍;当孔隙度小于 0.15 时,喉道平均半径曲线后支出现明显跳动,这是因为喉道总数的急剧减少,几乎减小为 0,极少的喉道数量导致统计的平均半径结果出现跳动;需要注意的是,岩心模型 D 孔隙和喉道平均半径最大,并不意味着其数字岩心渗透率比较大;出现这些变化的原因是岩心建模时胶结物优先沿最小的孔隙空间胶结,最小的孔隙空间通常被识别为孔隙网络模型中的喉道以及小的孔隙,剩下极少数较大的孔隙空间表示为喉道。孔隙胶结岩心模型 E,孔隙和喉道的平均半径变化曲线和岩心模型 B、C(对比曲线)类似,只是曲线整体略低;随着孔隙度的降低,孔喉平均半径曲线相对于对比曲线下降的更快一些,反映平均半径减小的更快一些。这些分析都与孔隙网络模型的直观分析相对应,两者互为补充。

3. 孔隙和喉道形状

四类岩心模型孔隙和喉道平均形状因子的变化情况分别如图 5-23(a)和(b)所示。总体来看,随着孔隙度的减小,不同岩心模型的平均孔隙形状因子变化曲线有较大差异,平均喉道形状因子变化曲线基本相同。

岩心模型 B 和 C 孔喉平均形状因子变化曲线差别不大,曲线基本重叠一致;随着孔隙度降低,两类岩心模型平均孔隙形状因子逐渐增加,经过压实和均匀胶结作用,小孔隙不断消失,大孔隙保留下来,说明了小孔隙总体上更加复杂,大孔隙总体趋向于规则。优先喉道胶结的岩心模型 D,在孔隙度相同时,孔隙平均形状因子明显大于其他岩心模型;随着孔隙度的降低,孔隙形状因子具有逐渐上升的趋势,但是曲线存在明显的跳跃波动,这是因为用于统计的孔隙总数较少所致。优先孔隙胶结的岩心模型 E,在孔隙度大于 0.1 时,孔隙形状因子基本保持不变;孔隙度小于 0.1 时,孔隙形状因子迅速下降,反映该岩心模型小孔隙具有更加不规则的形状。这些分析都与孔隙网络模型的直观分析和数字岩心的建模特征相对应。

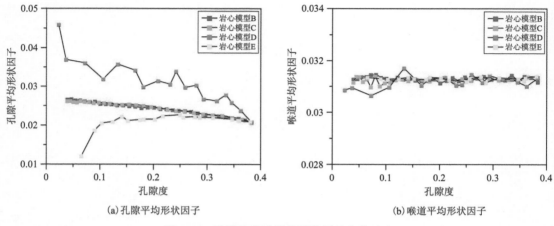

(a)孔隙平均形状因子　　　　　　　　　　(b)喉道平均形状因子

图 5-23　孔隙和喉道平均形状因子变化对比

4. 配位数

四类岩心模型平均配位数的变化曲线如图 5-24 所示。总体来看,随着孔隙度的减小,所有模型的配位数都逐渐降低,岩心模型 B、C 和 E 有相似的变化曲线,岩心模型 D 与之相比有较大差异。

岩心模型 B、C 和 E 平均配位数变化曲线差别不大,随着孔隙度的减小,平均配位数逐渐减小;当孔隙度大于 0.2 时,配位数下降幅度逐渐变缓;当孔隙度小于 0.2 时,岩心模型 B 和 C 配位数近似线性下降。在孔隙度相同时,喉道胶结岩心模型 D 的平均配位数明显小于其他岩心模型;随着孔隙度的降低,平均配位数逐渐减小,直至几乎为 0;当孔隙度大于 0.3 时,平均配位数急剧降低,从 9 左右降低至 3 左右,降低了 67%;当孔隙度小于 0.3 后,平均配位数下降趋势变得缓慢。平均配位数反映孔隙之间的连通性,是影响渗透率的关键因素。

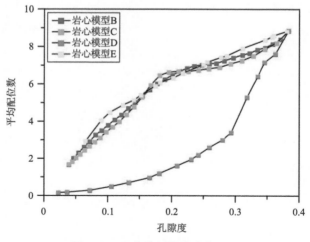

图 5-24　配位数平均值变化对比

第六章　基于分形理论的三维数字岩心表征

三维数字岩心是由大量三维离散数据点构成的数据体，这些数据体以离散的形式再现了真实岩石的孔隙结构，因此具有高度的复杂性。如何有效地分析这些三维数据点的特征，如何量化三维数字岩心的孔隙结构特征，对于分析岩心孔隙结构以及开展岩石物理属性研究具有重要作用（杨飞，2011；张鹏飞等，2018）。分形理论的核心是研究对象的自相似性，岩石的孔隙结构极其复杂，从统计学的角度看具有统计自相似性。基于分形理论的孔隙结构表征是研究岩石微观结构性质的有效手段之一（雷蕾，2019；杨坤等，2020）。

本章以分形几何理论为基础，利用三维盒计数算法研究过程法和 CT 扫描法数字岩心的孔隙结构分形特征；首先计算过程法三维数字岩心骨架、孔隙、边界的分形维数，分析分形维数的变化特征，提出一个判断孔隙结构复杂度的分形参考模型；然后结合 CT 数字岩心，计算它们的骨架、孔隙、边界分形维数，深入分析 CT 岩心的孔隙结构复杂度，定性研究孔隙度、孔隙结构复杂度与渗透性之间的关系。

第一节　分形几何理论

一、概述

从微观到宏观，自然界广泛存在着复杂且非线性的物体和现象，如何透过复杂万物的表面，研究它们内在的逻辑和性质，是众多研究者致力的方向。分形概念的提出和发展，为对这些复杂、无序和混沌的事物分析提供了新思路（张运祥，2001；刘爽，2005；蔡建超和胡祥云，2015）。

20 世纪 70 年代，Mandelbrot（1975）提出描述非线性问题的分形几何思想，并对该思想的定义、基本原理、计算方法和应用等作了进一步的完善，使之成为一个比较完整的理论。分形几何定义了任何尺度下严格分形体的精确自相似性，从而为精确自相似物体的分形描述提供了基础。在分形几何的基础上，分形理论拓展了研究的范围和广度，能够描述大自然具有自相似性质的非规则物体，通过分析该物体整体与部分之间的分形特征，来探究自相似物体内部存在的本质规律。分形特征指的是自相似物体整体与局部之间的关系描述，局部特征反映了整体的性质和特征，但是局部特征又不能完全准确表征整个物体，即可以通过局部特征分析整个物体，但是又不能代替整个物体。

分形几何学相比于传统的欧式几何学，其不再以确定的维数来表示物体的性质，而是引入小数或分数来分析物体的性质。此外，相比于欧式几何学主要用于分析简单的几何物体，分形几何学能够描述更为复杂的物体，例如自然界中的闪电、山脉、河流、白云、海岸线等极不规则的物体和现象。这些复杂事物的背后往往存在着规律，即局部与整体之间存在着自相似性，自相似性是分形几何学研究的基础。

目前，关于分形的确切定义仍然没有完整的描述。Mandelbrot 对分形的定义描述为：设集合 F 在欧式几何中的 Hausdorff 维数是 D_H，如果 D_H 严格大于它的拓扑维数 D_T，称集合 F 为分形集，简称为分形，表示为

$$F = \{D: D_H > D_T\} \tag{6-1}$$

公式（6-1）只定义了分形必须满足的条件，想要准确描述分形的性质，仍然存在困难。因此，许多学者对分形的性质提出了更深入的描述：①研究对象满足自相似性，即任意小尺度的局部特征都能反映整体的性质，或者说局部与整体之间具有自相似性质；②任意放大或缩小分形物体，其几何结构和性质不产生变化；③传统的欧式几何无法准确描述分形集特征；④研究对象既可以是精确自相似也可以是统计自相似；⑤分形维数大于拓扑维数；⑥精确的分形集或大多数分形物体能运用迭代形式进行描述。

这些分形描述对分析复杂物体的性质具有指导作用，在这些分形性质描述中，自相似性质是分形理论中最重要的性质之一，自相似性又可以分为精确自相似和统计自相似，具有精确自相似性质称为有规分形，统计自相似性质称为无规分形。精确自相似的物体通常是利用迭代方法建立的规则模型，如三分康托集、科赫曲线、雪花曲线、谢尔宾斯基地毯、谢尔宾斯基海绵体等。统计自相似的物体更是广泛存在，如前面提到的自然界中的海岸线、闪电等。在传统的欧式几何中，表示一个物体信息需要确切的测量维数和单位信息，例如描述一条直线，能够用一维尺度进行表示，另外需要确切的单位，可以是 cm、m 或 km 等，不同的维数和单位表征了这条直线的信息（Biswas et al.，1998）。对于复杂事物的描述，例如海岸线，以不同单位尺度去测量，海岸线的长度显然不同，不同单位测量通常会忽略比其尺度小的细节，以 km 为单位测量的长度肯定小于以 m 为单位的长度，另外以 m 为单位测量的结果又小于 cm 的结果。如此细分下去，将得到结果无穷大，这在计算上是不可能实现的，因此传统的欧式几何表征方法对于复杂事物的表征存在不足。由于海岸线在不同尺度上具有统计上的自相似性，因此能够利用分形理论表征其性质，例如可以在多个尺度上计算海岸线的长度，进而延伸到其他尺度范围内。经过近几十年的快速发展，分形理论已融入许多领域，并在这些领域中扮演着越来越重要的作用，例如物理、化学、材料科学、地质学等。

二、典型分形结构

通过迭代方式可以建立精确自相似性的分形物体，世界上第一个被研究的分形构造体是三分康托集，如图 6-1 所示。1883 年，数学家康托首先提出并建立了三分康托集模型，该模型的建立过程表述为：首先设置一个范围为[0,1]的线段，该线段平均分成三份，去掉中间的线段；剩下的两段再各自平均分成三段，又都去掉中间的一段；如此不断迭代，即得到精确的三分康托集。

图 6-1 三分康托集

科赫曲线是典型的具有精确自相似的曲线之一，该曲线的建立同样可以通过不断迭代实现，首先将某一给定的线段分成三等分，如图 6-2(a)所示；以中间线段为底边，构建一个向外凸的等边三角形并去掉该底边线段，如图 6-2(b)所示；然后以这四条线段为基础，重复上面的过程，得到新的图形，如图 6-2(c)所示；对该过程不断重复迭代，即可得到科赫曲线。三条等长直线首尾相接(即等边三角形)，每条直线都不断重复科赫曲线的迭代过程，即可得到类似雪花形状的雪花曲线，如图 6-3 所示。

科赫曲线具有精确的自相似性，任意小尺度与整体之间存在相似性，观察图 6-2(e)，如果把该图的前 1/3 进行放大，则与图 6-2(d)完全相同；同样将图 6-2(d)的某些局部进行放大，则与 6-2(c)完全相同。通过不断迭代，科赫曲线的总长度将无限增大，当应用一维尺度进行测量时，其长度将是无穷大，当应用二维尺度进行测量时，其长度将是 0，说明科赫曲线在分形理论中的维数是介于 1 和 2 之间的一个小数，经过分析计算，该分形维数值为 1.26。自然界中的海岸线经过长期的侵蚀和冲刷，会形成极其复杂的锯齿状结构，如果用无穷小单位去测量海岸线的长度，将会得到无穷大的结果，海岸线与科赫曲线存在着某些相似性，因此通常用科赫曲线来模拟海岸线形态。

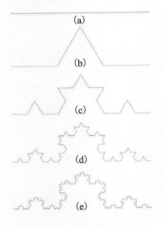

图 6-2 科赫曲线

图 6-3 雪花曲线

谢尔宾斯基海绵体是典型的精确自相似模型之一，该模型是三维空间中的分形体，如图 6-4 所示。该模型的建立过程可以表述为，首先将三维立方体平均切割为 27 个小立方体，然后去掉 6 个外表面中心处的小立方体和立方体最中心处的小立方体，即去掉了 7 个小立方体，剩余 20 个小立方体；再对剩余的 20 个立方体进行处理，每个立方体再切割 27 个小立方体，然后重复上面的过程，得到新的构造；不断进行迭代，得到谢尔宾斯基海绵体，也被称为门格海绵体。该模型的初始模型是一个三维立方体，因此分形维数是一个介于 2 和 3 之间的小数，其分形维数为 2.726 8。谢尔宾斯基海绵体的每个外表面又是一个精确的自相似分形体，该分形体被称为谢尔宾斯基地毯，如图 6-5 所示。谢尔宾斯基地毯四个角点的对角线可以构成两条线段，该线段又是精确的分形体，即前面介绍的三分康托集。

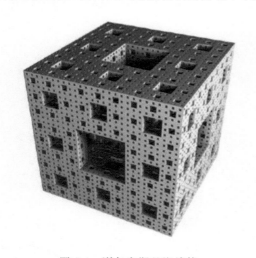

图 6-4　谢尔宾斯基海绵体

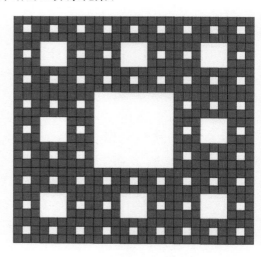

图 6-5　谢尔宾斯基地毯

这 5 个模型都是具有精确自相似性的分形体，局部与整体之间存在精确的相似，它们都能通过不断迭代的过程构建，并且具有确定的分形维数，是研究分形性质中常用的典型分形结构体。

三、分形维数种类

在描述分形事物时，根据事物结构、性质等的不同，需要应用不同的分形定义才能准确表征事物的分形特征，下面介绍几种常用分形维数的概念和定义。

1. Hausdorff 维数

在众多分形概念和定义当中，Hausdorff 维数是最基本的，能够准确表示具有精确自相似物体的分形维数，该维数以 Hausdorff 测度为基本原理，Hausdorff 测度表示为

$$H_{\delta}^{s}(F) = \inf \left\{ \sum |U_i|^s : \{U_i\} \text{是 } F \text{ 的一个 } \delta\text{- 覆盖} \right\}, s \geqslant 0, F \subseteq R^n, \delta > 0 \quad (6\text{-}2)$$

Hausdorff 维数定义为

$$D_{\mathrm{H}} = \inf \{ s : H^s(F) = 0 \} = \sup \{ s : H^s(F) = \infty \}, F \subseteq R^n \quad (6\text{-}3)$$

分形集 F 的 Hausdorff 测度首先应该满足条件：

$$H^s(F) = \begin{cases} \infty, & s < D_H \\ 0, & s > D_H \end{cases} \tag{6-4}$$

式中：s 为欧式几何中的维数。式中另外一种特殊情况是，当 $s = D_H$ 时，$H^s(F)$ 可以等于 0 或无穷大，或者等于任意数，表示为

$$0 < H^s(F) < \infty \tag{6-5}$$

此外，Hausdorff 维数通常也可以表示为

$$D_H = \lim_{\delta \to 0} \frac{\ln N(\delta)}{\ln(1/\delta)} \tag{6-6}$$

式中：δ 为覆盖测度，趋于无穷小；$N(\delta)$ 为覆盖 $\{U_i\}$ 的数量；D_H 为覆盖维数。

2. 相似维数

相似维数的物理意义和数学定义比较简单，易于理解，设集合 A 为分形对象，将其细分为尺度大小为 r 的 N 个子对象，尺度大小 r 趋于无穷小，子对象与分形对象存在精确的等比例相似，因此相似维数 D_s 表示为

$$D_s = \lim_{r \to 0} \frac{\log N(A, r)}{\log(1/r)} = -\lim_{r \to 0} \frac{\log N(A, r)}{\log(r)} \tag{6-7}$$

3. 容量维数

容量维数的定义和计算方式与 Hausdorff 维数类似，都是通过覆盖分形对象进行测量。设立方体的边长或球体的半径为 r，使其完全覆盖整个分形对象，$N(r)$ 为半径为 r 时覆盖所需的数量，因此容量维数 D_c 表示为

$$N(r) \propto (1/r)^{D_c} \to \lim N(r) = (1/r)^{D_c} \tag{6-8}$$

通过进一步转化为对数形式，可表示为

$$D_c = \lim_{r \to 0} \frac{\log N(r)}{\log(1/r)} = -\lim_{r \to 0} \frac{\log N(r)}{\log(r)} \tag{6-9}$$

4. 关联维数

1983 年，Grassberger 等提出关联维数并对其进行定义，关联函数能通过实验手段进行测量，因此物理意义比较清晰，应用范围较广。关联维数 D_g 以关联函数 $C(r)$ 为计算基础，表示为

$$D_g = \lim_{r \to 0} \frac{\ln C(r)}{\ln(1/r)} \tag{6-10}$$

式中：r 为两点间的距离；$C(r)$ 为距离小于 r 时的概率。关联函数 $C(r)$ 定义为

$$C(r) = \frac{1}{N^2} \sum_{i,j=1} H(r - |X_i - X_j|) \tag{6-11}$$

式中：i, j 为两个点；$|X_i - X_j|$ 为两点间距离的绝对值；$H(x)$ 为阶跃函数。$H(x)$ 表示为

$$H(x) = \begin{cases} 1, & x \geqslant 0 \\ 0, & x < 0 \end{cases} \tag{6-12}$$

5. 信息维数

Hausdorff 维数在计算过程中,只考虑覆盖个数对分形维数的影响,没有考虑每个覆盖体中元素占比的多少。信息维数引入覆盖体中元素的信息,因此信息维数 D_i 表示为

$$D_i = \lim_{\delta \to 0} \frac{\sum_{i=1}^{N(\delta)} P_i \ln P_i}{\ln \delta} \tag{6-13}$$

式中:δ 为覆盖体的边长;P_i 为覆盖体中包含分形元素的概率;当 $P_i = 1/N(\delta)$ 时,两种维数的定义相等。

6. 计盒维数

计盒维数物理意义清晰,计算方式简单,其通过不同尺寸的盒子填充分形物体,然后计算盒子尺寸与填充数量的关系,从而得到计盒维数。设分形物体为非空有集 A,盒子尺寸 $r > 0$,当 r 趋于无穷小时,计盒维数 D_b 表示为

$$N_r(A) \propto 1/r^{D_b} \tag{6-14}$$

式中:r 为盒子尺寸;$N_r(A)$ 为盒子尺寸为 r 时填充分形集 A 所需的个数。进一步转化,使存在唯一整数 k 以满足下式:

$$\lim_{r \to 0} \frac{N_r(A)}{1/r^{D_b}} = k \tag{6-15}$$

将其进一步转化为对数形式,表示为

$$D_b = \lim_{r \to 0} \frac{\log k - \log N_r(A)}{\log r} = -\lim_{r \to 0} \frac{\log N_r(A)}{\log r} \tag{6-16}$$

在具体计算中,通常设置一系列不同尺寸 r 的盒子,然后用盒子填充所有的分形集 A,计算出感兴趣目标所占的盒子数 $N_r(A)$,最后通过拟合 r 和 $N_r(A)$ 的关系得到直线,直线的斜率即为计盒维数,拟合公式表示为

$$\log N_r(A) = D_b \log(1/r) + \log k \tag{6-17}$$

第二节　孔隙结构的分形表征

传统欧式几何学中,描述物体只有固定的整数维,如一维、二维和三维,分形几何学的维数不限于整数,可以用小数或分数表示。岩石的孔隙结构极其复杂,并在一定的尺度范围内表现出分形特征,从而能够基于分形理论描述岩石的孔隙结构特征。岩石孔径分布计算出的分形维数和数字图像计算出的计盒维数都主要用于表征岩石孔隙空间的特征,例如孔隙空间的大小、分布、不规则程度等。气体吸附法计算的分形维数主要用于表征岩石颗粒表面的特征,例如表面粗糙度、不规则性、比表面积等(陈昱林,2016)。

一、孔径分布法

Hausdorff 维数的物理意义说明，在计算分形物体的分形维数时，需要设定合适的测量尺度 r，使测度大于 r 时测量得到的个数值 $N(r)$ 与 r 之间满足关系 $N(r)\propto r^{-D}$，其转化成等式为 $N(r)=cr^{-D}$，当关系式应用于岩石孔径分布时，分形维数计算公式为

$$N(r) = \int_r^{r_{\max}} P(r)\mathrm{d}r = cr^{-D} \tag{6-18}$$

式中：r 为孔隙半径；$N(r)$ 为孔隙半径大于 r 的孔隙数量；$r_{\max}$ 为最大的孔隙半径；$P(r)$ 为孔径分布概率密度函数；c 为与岩石本身性质有关的参数。对公式(6-18)进行数学求导：

$$P(r) = \frac{\mathrm{d}N(r)}{\mathrm{d}r} = -Dcr^{-D-1} \tag{6-19}$$

将上式应用于孔隙累计体积中，得到孔隙半径小于 r 的关系式：

$$V(r) = \int_{r_{\min}}^{r} P(r)cr^3\,\mathrm{d}r = -\frac{Dc}{3-D}(r^{3-D} - r_{\min}^{3-D}) \tag{6-20}$$

式中：$V(r)$ 为孔隙累计体积；$r_{\min}$ 为最小孔隙半径。当孔隙半径 r 从最小变化到最大，孔隙总体积表示为

$$V(r) = -\frac{Dc}{3-D}(r_{\max}^{3-D} - r_{\min}^{3-D}) \tag{6-21}$$

将公式(6-21)与公式(6-20)相除，可以消去与岩石本身性质有关的参数 c。两公式相除得到的结果表示孔隙半径大于 r 的孔隙累计体积频率分布：

$$S_{R>r} = \frac{V(R>r)}{V(R>r_{\min})} = \frac{r_{\max}^{3-D} - r^{3-D}}{r_{\max}^{3-D} - r_{\min}^{3-D}} \tag{6-22}$$

式中：$r_{\min} \ll r_{\max}$ 为孔隙最小半径远小于最大半径，因此可以进一步简化为

$$S = 1 - \left(\frac{r}{r_{\max}}\right)^{3-D} \tag{6-23}$$

此外，孔隙半径小于 r 的孔隙累计体积频率分布为

$$S_{R<r} = 1 - S_{R>r} = \left(\frac{r}{r_{\max}}\right)^{3-D} \tag{6-24}$$

分形维数表征了岩石孔隙结构的性质和特征，采用不同的实验和计算方法(如压汞法、核磁共振法、二维薄片法等)，得到的分形维数不完全一样，每种方法都有其各自的特点(葛新民，2013)。

二、气体吸附法

气体吸附法计算的分形维数主要表征岩石颗粒表面的特征，利用氮气吸附实验开展有关分形研究的模型中，常用的有 FHH 模型法、BET 模型法和 NK 模型法等(陈昱林，2016)。FHH 模型法表示为

$$\frac{V}{V_m} = K\left[RT\ln\left(\frac{p_0}{p}\right)\right]^{-(3-D)} \tag{6-25}$$

式中：p 为平衡压力；V 为不同 p 值时的气体吸附体积；V_m 为饱和状态气体吸附体积；K 为常

数；R 为与气体性质有关的参数；T 为温度；p_0 为饱和状态压力；D 为分形维数。

将公式(6-25)进一步转换成对数形式：

$$\ln V = C + A\ln\left[\ln\left(\frac{p_0}{p}\right)\right] \tag{6-26}$$

式中：C 为实数；A 为与分形特征相关的参数。在该模型中，根据是否考虑毛管作用，分形维数的计算方法可以分为两种，当考虑毛管作用时，分形维数表达式为

$$A = (D-3)/3 \tag{6-27}$$

当不考虑毛管作用时，分形维数表达式为

$$A = (D-3) \tag{6-28}$$

三、计盒维数法

Russell 等(1980)提出利用统计盒子数从而得到研究对象分形维数的方法，简称为计盒维数法。该方法以数字图像为研究对象，数字图像从维度上可以分为二维和三维，从类型上可以分为二值和灰度，本书主要开展基于二值化的三维数字图像分形维数研究。二维和三维图像的盒计数算法原理几乎相同，唯一的区别是二维图像被正方形盒子覆盖，而三维图像被立方体盒子覆盖。

三维数字岩心图像的每个像素点值都是固定的，不是 0 就是 1。1 代表感兴趣的统计对象，可以是骨架、孔隙或者两者的边界。应用盒计数方法计算分形维数的基本过程可以总结为，用一系列大小不同的网格(边长为 r)覆盖图像，记录包含感兴趣对象的盒子数 N_r，对这两个参数进行对数拟合，拟合直线的斜率即是分形维数。盒子覆盖三维空间数据点如图 6-6 所示，三维盒计数算法具体过程为：①设研究对象为二值化的三维数字图像；②用小立方体盒子完全填充整个三维数字图像，设立方体盒子的边长为 r；③如果盒子中包含感兴趣对象，则表示该盒子被占有，统计所有被占有的盒子数，记为 N_r；④不断改变小立方体盒子边长 r，并再次统计被占有的盒子数，能够得到一组数据(N_r,r)；⑤利用公式(6-17)，对过程④中得到的数据对数化，然后采用最小二乘法进行线性拟合，拟合直线斜率的倒数即为计盒维数。

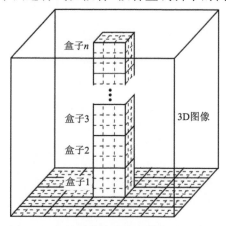

图 6-6　盒子覆盖三维空间数据点示意图

　　在应用盒计数法计算分形维数时，根据感兴趣对象的不同，可以测量数字岩心的不同分形特征：固体骨架、孔隙以及它们之间的边界（Foroutan-pour et al.，1999；Dathe et al.，2001；Wang et al.，2012）。图 6-7 展示了三维数字岩心骨架、孔隙、边界的分形维数计算过程。图 6-7（a）为过程法构建的数字岩心模型，截取模型中心位置大小合适的区域进行数字化；图 6-7（b）为同一数字岩心模型突出不同统计目标后的三维图像，白色表示关心的统计对象，图 6-7（b-1）、（b-2）、（b-3）的关心统计对象分别为骨架、孔隙、边界；图 6-7（c）为对关心的统计对象计算相应的分形维数。骨架（或孔隙）分形维数反映了骨架（或孔隙）的体积分数、大小、分布、不规则度等性质，由于体积分数对分形维数的影响非常巨大，以致骨架（或孔隙）分形维数很难突出孔隙大小、分布、形状等孔隙结构的特征属性。边界对象描述了骨架和孔隙之间的边界形态，因此边界分形更多体现了孔隙大小、分布、曲折性等特征，能更加有效地反映孔隙结构的复杂程度。对于盒子尺寸的选取，本书选取因素序列，其相对于算数序列和几何序列有更好地计算效果（Wang et al.，2012；王合明，2013）。

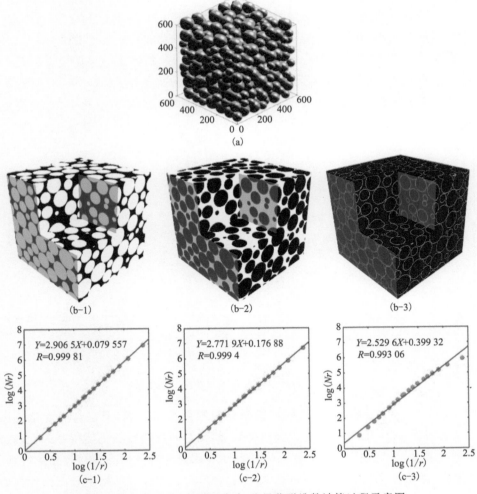

图 6-7　三维数字岩心骨架、孔隙、边界分形维数计算过程示意图

第三节　三维数字岩心分形特征

以过程法建立的三维数字岩心为基础,通过计盒算法计算骨架、孔隙和边界的分形维数,分析不同岩心孔隙结构与分形维数的关系,同时利用分形维数表征了不同岩心模型孔隙结构的复杂性。

一、岩心模型 A 分形分析

岩石的颗粒分布特征影响着孔隙的大小、形状以及连接孔隙之间喉道的大小和形状,因此岩石粒径对孔隙空间整体复杂性有重要影响。以岩心模型 A 为基础,研究粒径分布性质对分形维数的影响。岩心模型 A 的建模参数如表 3-1 所示,随着岩心编号的增加,不同半径的颗粒数量逐渐增加,平均颗粒半径逐渐减小,分选性逐渐变差,因此孔隙结构逐渐变得复杂,岩心模型 A 反映了建模参数中颗粒分布性质(颗粒种类、平均粒径、分选性)对孔隙结构的综合影响。岩心模型 A 松散堆积状态的数字岩心图像如图 3-30 所示,从 A1 到 A15,总的变化特征是孔隙度略微变小、孔隙空间逐渐变小、孔隙空间更加分散、复杂性增加。

岩心模型 A 松散堆积状态的骨架、孔隙、边界分形维数的计算结果如图 6-8 所示,图 6-8(a)中绿色、蓝色和红色小点分别表示骨架、孔隙和边界的分形维数,图 6-8(b)突出显示了边界分形维数。总的来看,随着岩心编号的增加,骨架和孔隙分形维数变化不大,边界分形维数轻微逐渐上升。

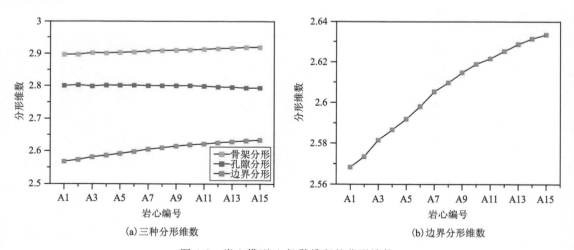

(a)三种分形维数　　　　(b)边界分形维数

图 6-8　岩心模型 A 松散堆积的分形维数

从图 6-8(a)中可以看出,岩心的固体骨架分形维数是最大的,但是它的变化范围很小。孔隙分形介于中间,小于固相大于边界分形维数,然而它的变化范围仍然很小,甚至比骨架分形维数变化范围还小。孔隙分形维数有如此变化,原因是孔隙分形维数受到孔隙度和孔隙结构复杂度的综合影响,即分形维数随着孔隙度增大而增大,随孔隙结构复杂度的增大而增大。岩心模型从 A1 到 A15,沉积颗粒种类不断增加,孔隙结构复杂程度不断增加,然而孔隙度有轻微的降低,最终使孔隙分形维数变化很小,甚至比固相的分形维数变化还小。

另外,观察边界分形维数,它是三类分形中最小的,这不仅适用于过程法模型,对于所有利用盒计数法计算的数字岩心分形维数都是适用的。随着岩心编号增加,边界分形维数逐渐增大,反映孔隙结构复杂程度逐渐增加,这与模型孔隙结构的变化特征分析是对应的。此外,它的变化区间比较大,远远大于骨架和孔隙的分形变化区间。因此,利用边界分形维数能够区分具有不同孔隙特征的松散堆积状态的岩心模型 A。

在利用盒计数开展分形特征研究中,人们往往将孔隙分形维数描述为仅仅是岩石孔隙结构复杂度的表征,而忽略了孔隙度大小,即感兴趣对象的多少对它的影响。同时,更多的研究仅仅是用孔隙分形维数来评估岩石的复杂程度,而没有综合考虑固相、孔隙、边界分形维数对岩石孔隙结构的表征。在利用计盒维数法研究岩石孔隙结构复杂性时,特别是当孔隙度变化不大时,固相和孔隙分形维数往往不能够体现出岩石的复杂性,利用边界分形维数来表征岩石的孔隙结构复杂度是一个较好的选择,因此深入研究三类分形维数与微观孔隙结构的变化规律对实际工作具有参考和借鉴意义。

此外,岩心模型 A 松散堆积经过压实和胶结作用,建立了孔隙度为 20% 的数字岩心。岩心模型 A 孔隙度为 20% 的数字岩心与松散堆积数字岩心的区别在于,松散堆积数字岩心的孔隙度并不是完全相同的,在分析分形影响因素时,包含了颗粒分布性质和孔隙度两个因素对分形维数的影响,当利用孔隙度为 20% 的数字岩心计算分形维数,可以消除孔隙度的影响,从而更加突出单因素骨架颗粒分布对分形维数的影响。从 A1 到 A15,总的变化特征是孔隙度不变、孔隙空间逐渐变小、孔隙空间更加分散、复杂性增加。

岩心模型 A 孔隙度为 20% 的骨架、孔隙、边界分形维数的计算结果如图 6-9 所示,图 6-9(a)显示了骨架、孔隙和边界的分形维数,图 6-9(b)突出显示了孔隙和边界分形维数。总的来看,随着岩心编号的增加,骨架分形维数基本不变;孔隙分形维数逐渐轻微上升,变化幅度为 0.024 579(2.635 848-2.660 427);边界分形维数逐渐上升,变化幅度为 0.066 579(2.486 539-2.553 118),是孔隙分形维数变化幅度的 2.71 倍(0.066 579/0.024 579),说明边界分形对孔隙结构的复杂性具有更明显的辨识能力。

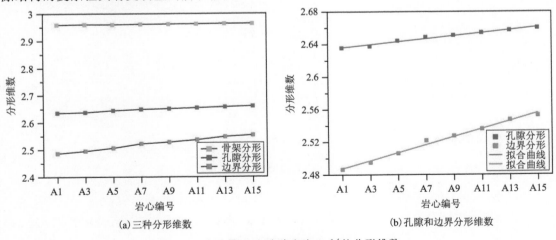

(a)三种分形维数 (b)孔隙和边界分形维数

图 6-9 岩心模型 A 孔隙度为 20% 的分形维数

从图 6-9(a)可以看出,岩心的固体分形维数是最大的,但是它的变化范围最小。与松散堆积状态的孔隙分形相比,孔隙度为 20％岩心模型 A 的孔隙分形维数具有明显的变化,随着岩心编号增加,孔隙分形维数已不是略微下降,而是轻微上升,这是因为松散堆积时的孔隙分形维数反映了孔隙度和孔隙结构复杂性的综合影响,孔隙度 20％的孔隙分形维数只反映孔隙结构复杂性一个因素,而这一结果正好与岩心孔隙结构的特征相对应,说明在利用孔隙分形维数判断孔隙结构复杂性时必须考虑孔隙体积分数(即孔隙度)对其的影响,这为提出分形参考模型提供了思路和依据。

二、岩心模型 B 分形分析

岩石的机械压实会引起沉积颗粒堆积方式的改变,使其空间位置发生变化,孔隙度减小,从而引起岩石孔隙空间的变化,进而影响岩石的分形表征。以岩心模型 B 为基础,研究压实作用对分形维数的影响。岩心模型 B 的建模参数如表 3-2 所示,三维图像如图 3-31 所示,随着岩心编号(压实因子)的增加,颗粒之间发生压实和重叠,孔隙空间不断被压缩,孔隙度不断减小,岩心模型 B 反映了建模参数中压实因子对孔隙结构的影响,由于压实因子改变了孔隙度,因此岩心模型 B 反映了孔隙度对孔隙结构的影响,从而也反映了孔隙度对分形维数的影响。

压实模型 B 的骨架、孔隙、边界分形维数的计算结果如图 6-10 所示,图 6-10(a)显示了压实因子与分形维数的关系,图 6-10(b)显示了孔隙度与分形维数的关系。总的来看,随着压实因子增加(即孔隙度降低),模型的骨架分形逐渐轻微上升,孔隙和边界分形维数逐渐下降。由于随着压实因子的增加,模型的孔隙度逐渐降低,压实作用最主要的是改变了模型的孔隙度,因此图 6-10(a)和(b)的分形维数变化曲线类似(由于坐标显示原因,两者近似平面镜像)。

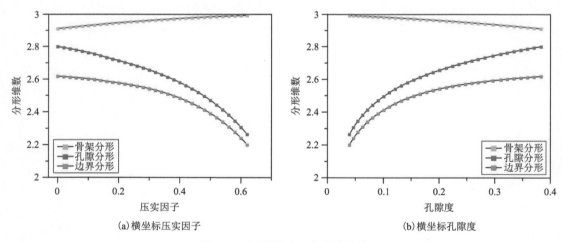

图 6-10 压实模型 B 的分形维数

观察图 6-10,骨架分形维数最大,并且随着压实因子增大,骨架分形维数有一个轻微的增加,究其原因这不能理解为固相介质复杂程度的增加,而是因为固相所占百分比有很大增加。孔隙相分形介于中间,小于固相大于边界分形维数。然而与岩心模型 A 不同,孔隙分形维数的变化范围是最大的,甚至比边界分形维数还大,如图 6-10 蓝色点所示。孔隙分形维数的变化特征,究其原因是随着压实因子的增大,模型孔隙空间迅速变小,孔隙度急剧变小,最终导致孔隙分形维数很快减小。对于边界分形维数,它是三种分形中最小的,随着压实因子增大,边界分形维数逐渐变小。因此,利用孔隙和边界分形维数都能够区分具有不同孔隙结构的岩心模型 B。

进一步观察孔隙和边界分形维数的对比,孔隙分形维数的变化区间比边界分形维数变化区间大,即随着孔隙度减小,孔隙分形维数下降的速度更快,说明孔隙分形维数对孔隙度的变化有着更强烈的反应。在真实岩心的分形研究中,当利用盒计数法研究孔隙结构复杂性时,应特别注意孔隙度对其的影响(Li et al.,2022)。

三、胶结模型分形分析

在岩石形成过程中,随着埋藏深度的增加,各种胶结作用的出现使岩石孔隙结构发生变化。以过程法为基础,模拟胶结物以不同方式生成到颗粒表面,以实现不同的岩石孔隙结构类型,同时也反映了不同的骨架接触形式。具体的建模过程和孔隙结构特征在数字岩心建模章节已详细介绍,这里重点说明三种不同胶结岩心模型的分形维数变化特性。

1. 均匀胶结模型 C

以岩心模型 C(均匀胶结模型)为基础,研究均匀胶结模型的分形维数变化特征。岩心模型 C 的建模参数如表 3-2 所示,三维图像如图 3-32 所示,随着岩心编号(胶结因子)的增加,颗粒之间发生接触和重叠,孔隙空间不断减小,孔隙度不断减小,均匀胶结模型 C 反映了建模参数中胶结因子对孔隙结构的影响,由于胶结因子主要改变模型的孔隙度,因此均匀胶结模型 C 反映了孔隙度对分形维数的影响,这与压实模型 B 类似。

均匀胶结模型 C 的骨架、孔隙、边界分形维数的计算结果如图 6-11 所示,图 6-11(a)显示了胶结因子与分形维数的关系,图 6-11(b)显示了孔隙度与分形维数的关系。总的来看,均匀胶结模型的分形维数变化特征与压实模型的变化特征类似,随着胶结因子的增加(即孔隙度降低),模型的骨架分形维数逐渐轻微上升,孔隙和边界分形维数逐渐下降。与压实模型类似,均匀胶结作用最主要改变了模型的孔隙度,因此图 6-11(a)和(b)的分形维数变化曲线类似。

2. 三种胶结模型对比

在岩石胶结成岩过程中,不同的胶结方式控制着孔隙空间的大小、形状、分布以及连通关系,影响着岩石的孔隙结构特征,进而影响岩石的分形特征。将三种不同胶结类型的数字岩心模型孔隙度与分形维数的变化关系放在同一图中对比观察,有助于分析不同胶结方式对分形维数的影响规律。当孔隙度相同时,通过对比三个模型的分形维数差值,能够突出单个因素(即胶结方式)对分形维数的影响程度。

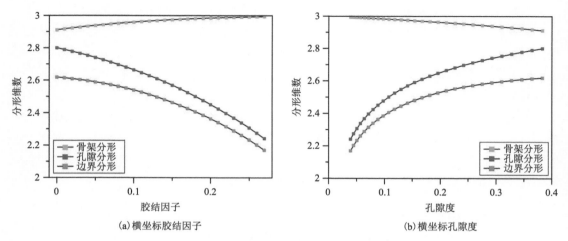

(a)横坐标胶结因子   (b)横坐标孔隙度

图 6-11　均匀胶结模型 C 的分形维数

喉道胶结模型 D 的三维图像如图 3-40 所示,随着岩心编号的增加,胶结物最先沿着最小的孔隙空间(喉道)进行胶结,随后逐渐向较大孔隙空间方向生长。从 D1 到 D18,总的变化特征是孔隙度逐渐减小,胶结物优先填充小孔隙空间,使孔隙空间更多的集中于大孔隙中,孔隙空间的分布更加集中,使孔隙空间的分散性明显降低,骨架和孔隙之间的边界体积更快降低,同时整体复杂性明显下降,孔隙的连通性迅速降低,这些孔隙结构特征在前面章节进行了分析。按照这种胶结方式形成的岩石孔隙结构趋于简单,因此分形维数将更小。

图 6-12 为不同胶结岩心模型的分形维数变化对比,图 6-12(a)为孔隙度与孔隙分形维数的关系,图 6-12(b)为孔隙度与边界分形维数的关系。图中蓝色点曲线表示喉道胶结模型 D 的分形维数变化,相比于其他两类胶结模型,在孔隙度相同时,该模型的孔隙和边界分形维数都是最小的,正好与该岩心孔隙结构性质分析相对应。

需要注意的是,分形维数表征了孔隙空间的大小、形状、分布性质,但是无法有效表征孔

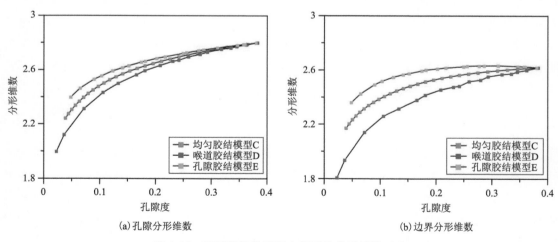

(a)孔隙分形维数   (b)边界分形维数

图 6-12　不同胶结类型岩心模型的分形维数对比

隙之间的连通性,因此对于类似碳酸盐岩的岩心模型 D,其虽然分形维数最小,孔隙空间的整体复杂程度最简单,但并不意味着其渗透率最大,因为孔隙之间的连通性利用数字岩心盒计数分形维数是无法表征的,这也是该方法的固有缺陷,因此在后续研究中利用分形参考模型分析岩心孔隙度、孔隙结构和渗透率关系时,碳酸盐岩并不适用。

孔隙胶结模型 E 的三维图像如图 3-41 所示,随着岩心编号的增加,胶结物最先沿着最大的孔隙空间(孔隙)进行胶结,随后逐渐向较小孔隙空间方向生长。从 E1 到 E20,总的变化特征是孔隙度逐渐减小,胶结物优先填充大孔隙空间,胶结物和颗粒骨架之间还存在细小的孔隙空间,因此孔隙空间变得更小,更加分散,整体复杂性明显上升;此外孔隙的连通喉道半径降低,数量增多。按照这种胶结方式形成的岩石孔隙结构趋于复杂,因此分形维数将更大。观察图中分形维数变化对比,图中绿色点曲线表示孔隙胶结模型的分形维数变化,相比于其他两类胶结模型,在孔隙度相同时,该模型的孔隙和边界分形维数都是最大的,正好与该岩心孔隙结构性质分析相对应。

观察图 6-12,当孔隙度较大时,松散堆积的模型(初始模型)还没开始胶结,此时三种不同胶结方式模型的孔隙和边界分形维数是一样的;随着孔隙度逐渐减小,不同胶结方式孔隙结构之间的差异逐渐增大,因此分形维数的差异逐渐变大,反映了三种模型之间孔隙结构的差异越来越大。

需要注意的是,随着孔隙度减小到最小值附近,喉道胶结模型 D 的孔隙分形维数减小至 2 左右,边界分形维数甚至降低至 1.8 左右,一方面反映了该模型的孔隙空间过于集中,此时孔隙空间主要集中于少数几个大孔隙中;另一方面,三维模型的分形维数理论上为 2~3,小于 2 不符合基本认识,但是由于孔隙空间过于集中,导致骨架和孔隙的边界面积几乎为 0,因此才出现个别极端现象,在真实岩心分析中通常不会出现此类分形现象,因为孔隙空间集中于几个大孔中是不可能满足岩心 REV 分析的。通过模拟极端数字岩心,说明盒计数算法计算分形维数可能出现小于 2 的极端现象。

第四节　分形参考模型的建立及分析

岩石微观孔隙结构指的是岩石孔隙和喉道的大小、几何形状、分布、连通关系等特征的总和。影响岩石孔隙结构的因素很多,从沉积过程的颗粒形状、平均粒径、分选性等,到复杂的压实和胶结成岩作用。岩石的形成过程极其复杂,因此孔隙结构也极其复杂,为了更有效地分析孔隙结构的分形特征,把影响孔隙结构众多的因素分为两类:孔隙度和除了孔隙度以外的其他因素。孔隙度反映了孔隙空间的体积数量,其他因素反映了孔隙空间的大小、形状、分布等。

本节首先分析了岩心模型 B 和 C 的孔隙度与分形维数的变化关系,通过分形维数能够辨别出岩心模型 B 和 C 之间极其微小的孔隙结构差异;然后以岩心模型 C 孔隙度与分形维数的变化关系,提出一个判断孔隙结构复杂性的分形参考模型(Li et al.,2022)。该模型克服了孔隙度对分形维数的影响,突出了孔隙结构特征(孔隙空间大小、几何形状、分布)对分形的影响。此外,本节分析了除岩石本身孔隙结构以外对分形维数影响的因素,了解这些影响因素的特征,有助于更加准确地分析岩石的分形特征。最后以 CT 数字岩心样本为例,通过对比样本分形维数与分形参考模型在相同孔隙度时的相对位置关系,能够判断样本的孔隙结构复杂度。岩石的孔隙度和孔隙结构复杂性影响着岩石的物理属性,特别是渗透率,通过分析它们之间的关系,一方面能够从微观层面探索渗透性的影响规律,另一方面能够更加有效地预测岩石的渗透性特征。

一、孔隙度与分形维数的关系

孔隙度和其他因素决定了孔隙结构特征,因此也影响着数字岩心的分形维数,探究它们之间的关系对于评价岩石复杂度和岩石物理属性研究具有重要作用。以岩心模型 B 和 C 的孔隙、边界分形维数和孔隙度的关系为基础,分析孔隙度对分形维数的影响程度。

图 6-13 中黑色数据点为过程法岩心模型计算的分形维数,随着孔隙度的降低,岩心模型 B 和 C 的分形维数都出现了降低。如何判断这些点随孔隙度变化的快慢,需要进行曲线拟合分析,通过数据进行拟合,能够判断出随着孔隙度的减小,分形维数下降的趋势和速度,从而有助于理解分形维数的变化规律。对边界分形数据进行拟合,发现当孔隙度为 0.2 时,通过对数和线性公式的结合,能够得到最高的决定系数和好的拟合关系,当仅使用对数公式拟合孔隙度和边界分形维数的关系时,并没有得到较好的拟合线(图中绿色曲线),说明边界分形维数的下降趋势并不是越来越快的,而是先线性下降,然后才越来越快地下降。边界分形有如此变化特征与孔隙空间的变化特征密切相关,在孔隙度下降为 0.2 之后,大量的小孔隙空间开始消失,喉道数量迅速减小,该分析在孔隙网络模型研究中正好得到验证(如图 5-21 所示),因此模型骨架和孔隙的边界面积和整体复杂性快速减小。孔隙分形维数能够用对数公式进行很好的拟合,说明随着孔隙度降低,孔隙分形维数下降的越来越快。相比于边界分形维数,孔隙分形维数更多地受到孔隙体积分数的影响,因此随着孔隙度和整体复杂性的减小,孔隙分形维数减小的越来越快。表 6-1 显示了岩心模型 B 和 C 分形维数与孔隙度的拟合关系及决定系数。

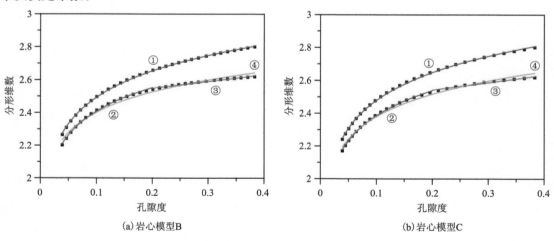

(a)岩心模型B (b)岩心模型C

图 6-13 孔隙、边界分形维数与孔隙度拟合曲线

表 6-1　岩心模型 B 和 C 分形维数与孔隙度拟合关系

岩心模型	分形维数	曲线编号	曲线类型	拟合公式	决定系数
B	孔隙	①	对数	$Y = 0.233\,333 * \ln(X) + 3.029\,314$	0.999 542
B	边界	②	对数	$Y = 0.210\,338 * \ln(X) + 2.891\,718$	0.997 717
B	边界	③	线性	$Y = 0.411\,699 * X + 2.467\,175$	0.976 637
B	边界	④	对数	$Y = 0.179\,865 * \ln(X) + 2.816\,727$	0.984 643
C	孔隙	①	对数	$Y = 0.244\,863 * \ln(X) + 3.043\,235$	0.999 353
C	边界	②	对数	$Y = 0.221\,421 * \ln(X) + 2.896\,477$	0.998 534
C	边界	③	线性	$Y = 0.449\,711 * X + 2.453\,360$	0.972 096
C	边界	④	对数	$Y = 0.197\,829 * \ln(X) + 2.836\,915$	0.990 324

　　为了探究压实和均匀胶结模型分形维数之间的差异,以及选择一个更合适的分形判断模型,画出岩心模型 B 和 C 的分形维数散点数据,为方便这些数据点之间的比较,分别用红色实线和蓝色虚线勾勒出岩心模型 B 和 C 的这些散点数据,如图 6-14 所示。

　　这两类岩心模型的构建过程和孔隙结构特征已在前面章节详细描述,经过压实作用,每个颗粒的粒径没有变化,颗粒表面的曲面形态没有变化,单个颗粒的复杂性没有变化。经过均匀胶结作用,随着胶结因子的增大,每个颗粒的粒径逐渐增大,颗粒表面的曲面曲度逐渐变小,单个颗粒的复杂性有所减小。这些微小的差异体现在图 6-14 中,不论孔隙还是边界分形维数,蓝色虚线都位于红色实线的下方,说明当孔隙度一定时,岩心模型 C 的分形维数小于岩心模型 B 的分形维数。此外,随着孔隙度的减小,

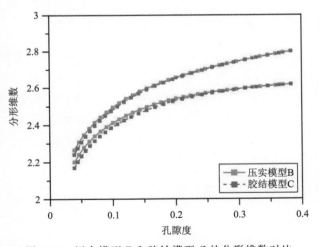

图 6-14　压实模型 B 和胶结模型 C 的分形维数对比

这一差异有轻微的增大。这些分形特征都正好反映了模型微观孔隙结构的变化特征,说明计盒维数法所计算出的分形维数确实能够表征岩石的孔隙结构差异。

　　真实岩石在形成过程中,随着胶结物在原始颗粒表面不断胶结生长,颗粒粒径总体上有增大趋势;压实过程模拟假设颗粒只沿着 Z 轴进行压实,因此岩心模型在三个方向上的均质性不完全一致。采用经过均匀胶结作用岩心模型 C 的孔隙度与分形维数的关系曲线作为评价岩石孔隙结构复杂度的参考模型是更合适的。

二、分形维数影响因素分析

在应用盒计数算法计算数字岩心分形维数时,影响分形维数的因素中,除了数字岩心固有的孔隙结构特征外,还有两个主要的不可忽略的因素,一个是数字岩心的大小,一个是像素的大小。选取大小不同的数字岩心,在无量纲的三维图像中,其孔隙空间的大小、分布等是不一样的,因此影响着分形维数结果。理论上像素的大小一方面影响着数字岩心孔隙结构特征的精确性,但是对于已满足 REV 分析的岩心,像素大小对孔隙结构精确性的影响可以忽略,另一方面像素大小主要还是影响盒计数算法本身,根据公式(6-17)和图 6-6,像素大小意味着盒子尺寸 r 选取的多少、大小可能改变,进而影响感兴趣目标的统计个数 N_r,在用最小二乘法拟合数据点$[\log N_r, \log(1/r)]$时会对分形结果产生影响。

数字岩心孔隙结构差异所产生的分形维数变化正是应用分形判断岩心复杂性的基础,因此不是所要研究的引起误差的影响因素。数字岩心大小和像素大小是影响分形维数计算误差的不利因素,因此分析其影响程度和影响规律,对于如何减轻甚至消除这些影响是重要的。

以均匀胶结模型中的 C12 子模型为样本,通过只改变截取不同大小的岩心,研究岩心大小对分形维数的影响规律。另外,通过只改变模型的像素,研究像素大小对分形维数的影响规律。

1. 数字岩心尺寸对分形维数的影响

前面已介绍所有过程法岩心模型的沉积区域大小为 2000 μm×2000 μm×2000 μm,选取为 1600 μm×1600 μm×1600 μm 的范围进行数字化,以像素大小 200×200×200 建立数字岩心。同样以沉积范围的中心点为基准,截取大小不同的沉积范围,进而建立不同大小的数字岩心模型,模型像素大小依然选择 200×200×200。表 6-2 列出了模型的编号、大小、大小变化倍数(模型大小与 C12 模型大小的比值)、孔隙度、孔隙度相对误差和分形维数。

表 6-2　不同尺寸岩心模型的物理性质及分形维数

模型编号	模型大小/μm×μm×μm	模型大小变化倍数	孔隙度	孔隙度相对误差/%	骨架分形维数	孔隙分形维数	边界分形维数
1	500×500×500	0.312 5	0.188 911	−3.44	2.950 692	2.561 138	2.234 074
2	600×600×600	0.375 0	0.194 389	−0.64	2.951 055	2.573 694	2.282 135
3	700×700×700	0.437 5	0.193 827	−0.93	2.953 263	2.580 878	2.322 173
4	800×800×800	0.500 0	0.199 214	1.82	2.953 358	2.594 871	2.358 200
5	900×900×900	0.562 5	0.196 132	0.25	2.955 781	2.599 175	2.387 183
6	1000×1000×1000	0.625 0	0.193 701	−0.10	2.957 887	2.603 534	2.411 569
7	1100×1100×1100	0.687 5	0.194 445	−0.62	2.958 960	2.612 636	2.438 069
8	1200×1200×1200	0.750 0	0.194 970	−0.35	2.959 927	2.620 519	2.459 112

续表 6-2

模型编号	模型大小/ $\mu m \times \mu m \times \mu m$	模型大小变化倍数	孔隙度	孔隙度相对误差/%	骨架分形维数	孔隙分形维数	边界分形维数
9	1300×1300×1300	0.812 5	0.194 266	−0.71	2.960 987	2.626 293	2.477 069
10	1400×1400×1400	0.875 0	0.193 291	−1.21	2.962 216	2.631 931	2.494 728
11	1500×1500×1500	0.937 5	0.193 577	−1.06	2.963 042	2.639 137	2.511 735
12	1600×1600×1600	1	0.195 649	0	2.963 304	2.647 357	2.527 494
13	1700×1700×1700	1.062 5	0.197 152	0.77	2.963 634	2.654 809	2.541 899
14	1800×1800×1800	1.125 0	0.190 305	−2.73	2.965 868	2.652 756	2.550 098
15	1900×1900×1900	1.187 5	0.188 307	−3.75	2.966 640	2.654 438	2.556 547
16	2000×2000×2000	1.250 0	0.239 088	22.20	2.953 609	2.706 663	2.579 065

　　首先需要判断截取不同大小的模型是否表证了整个模型,模型从最小的 500 μm×500 μm×500 μm 到最大的 2000 μm×2000 μm×2000 μm,可以看出模型在最大时孔隙度与对比模型 C12 孔隙度有很大的误差,达到了 22.20%,这是因为过程法建模中沉积边界的影响。除此之外,其他大小岩心的孔隙度与对照模型 C12 基本一致,误差都在 4% 以内,在对照模型 C12 大小在 1600 μm×1600 μm×1600 μm 附近时,相对误差更小,一方面说明过程法模型均质性很好,另一方面也说明不同大小的模型基本表证了整个模型,其分形维数将不受孔隙空间体积分数(孔隙度)的影响。

　　数字岩心在均质性上表证了整个模型,在孔隙度上也差别不大(图 6-15),但是并不意味着它们的分形维数基本一样,因为无量纲的数字图像并不能分辨模型的实际大小,岩心模型的放大和缩小影响着图像中孔隙空间的大小、分布等性质。

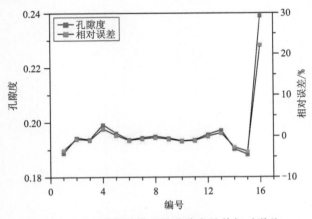

图 6-15　不同尺寸模型的孔隙度及其相对误差

　　表 6-2 列出不同大小数字岩心的分形维数,观察表中数据,当模型的大小与对比模型 C12 一样时(编号 12),两者即为同一模型,计算的孔隙度和分形维数是一致的。此外,将不同大小模型的分形维数投影到分形参考模型中,有助于观察其变化趋势、影响程度,如图 6-16 所示,

图中纵坐标为分形维数,顶上的横坐标为分形参考模型的孔隙度,底下的横坐标为不同大小模型的编号,从图中可以看出随着编号(模型大小)的增加,孔隙和边界分形维数逐渐增加,这是因为 $200 \times 200 \times 200$ 像素中所包含的岩心规模越大,将包含更多的颗粒和孔隙信息,孔隙空间越小,孔隙分布越分散,由此所形成的孔隙结构也越复杂,最终根据图像所计算的分形维数结果也越大。图 6-16 中边界分形维数的变化幅度明显大于骨架和孔隙分形维数的变化幅度,说明模型大小引起的计算误差对边界分形维数影响更大。

通过对比不同大小模型分形维数的相对误差,有利于进一步分析模型大小对分形维数的影响。以分形参考模型分形维数变化幅度为基准,统计分形维数的相对误差,分形参考模型的骨架、孔隙和边界分形维数的变化幅度分别为 0.082 526、0.558 957 和 0.448 697,相对误差计算方式为:(不同尺寸模型的分形维数—C12 分形维数)/分形参考模型分形维数变化幅度 $\times 100\%$,例如计算编号为 1 模型边界分形维数的相对误差:(2.234 074—2.527 494)/ 0.448 697 $\times 100\%$ = —65.39%。以分形参考模型分形维数的变化幅度为计算公式的分母,计算出来的相对误差更能突出分形维数的相对误差变化,更有利于分析模型大小对分形维数的影响程度和影响规律。

图 6-17 为不同大小模型的分形维数相对误差,随着岩心模型大小越接近对比模型 C12,相对误差越小;当横坐标编号为 12,此时模型与 C12 模型完全一样,因此相对误差为 0,当模型越小于或大于 C12,相对误差也越大。骨架和孔隙的相对误差变化曲线类似,说明模型大小对骨架和孔隙分形维数的影响程度基本相同。边界分形维数的相对误差变化明显更大,最大时达到 70% 左右,说明模型大小对边界分形维数影响很大。在 C12 模型附近,模型的相对误差是较小的。通过分析可知,岩心模型大小对分形维数的影响是巨大的,不可忽略,对于如何处理模型大小对分形维数的影响,最简单有效的办法就是使所有待研究数字岩心的大小尽可能保持相同。

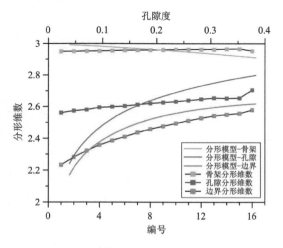

图 6-16　不同大小模型的分形维数与参考模型对比

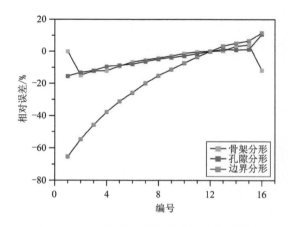

图 6-17　不同大小模型的分形维数相对误差

2. 数字岩心像素对分形维数的影响

像素大小对分形维数也有影响,其中最主要的是影响盒计数算法的盒子数选取,其影响程度和影响规律需要进行详细分析。与对比模型 C12 一样,所有模型都截取 1600 μm×1600 μm×1600 μm 的沉积区域范围,但是对截取模型的像素大小设置不同(即分辨率不同),表 6-3 列出了模型的编号、像素大小、像素变化倍数(模型像素与 C12 模型像素的比值)、孔隙度、孔隙度相对误差和分形维数。

表 6-3 不同像素岩心模型的物理性质及分形维数

模型编号	像素大小	像素大小变化倍数	孔隙度	孔隙度相对误差/%	骨架分形维数	孔隙分形维数	边界分形维数
1	100×100×100	0.50	0.195 983	0.170 7	2.959 182	2.621 744	2.541 113
2	110×110×110	0.55	0.195 796	0.075 3	2.954 191	2.591 004	2.492 743
3	120×120×120	0.60	0.195 855	0.105 2	2.967 396	2.658 931	2.592 503
4	130×130×130	0.65	0.195 876	0.115 9	2.955 258	2.603 243	2.493 845
5	140×140×140	0.70	0.195 798	0.076 4	2.961 872	2.636 948	2.541 886
6	150×150×150	0.75	0.195 713	0.032 7	2.964 581	2.648 696	2.560 096
7	160×160×160	0.80	0.195 713	0.032 7	2.962 234	2.638 56	2.534 053
8	170×170×170	0.85	0.195 758	0.055 8	2.956 950	2.620 742	2.490 371
9	180×180×180	0.90	0.195 668	0.009 5	2.968 034	2.660 934	2.573 174
10	190×190×190	0.95	0.195 673	0.012 3	2.957 586	2.627 378	2.486 795
11	200×200×200	1	0.195 649	0	2.963 304	2.647 357	2.527 494
12	210×210×210	1.05	0.195 555	−0.047 9	2.965 829	2.655 758	2.547 075
13	220×220×220	1.10	0.195 623	−0.013 5	2.962 617	2.644 206	2.513 645
14	230×230×230	1.15	0.195 578	−0.036 5	2.958 572	2.637 986	2.480 074
15	240×240×240	1.20	0.195 570	−0.040 4	2.968 043	2.662 216	2.556 178
16	250×250×250	1.25	0.195 571	−0.039 8	2.958 951	2.642 337	2.476 554
17	260×260×260	1.30	0.195 578	−0.036 3	2.962 640	2.647 659	2.501 700
18	270×270×270	1.35	0.195 577	−0.037 0	2.965 178	2.657 023	2.525 317
19	280×280×280	1.40	0.195 549	−0.051 1	2.965 322	2.655 587	2.516 255
20	290×290×290	1.45	0.195 534	−0.058 8	2.959 590	2.649 560	2.469 481
21	300×300×300	1.50	0.195 531	−0.060 1	2.966 751	2.661 866	2.534 352
22	310×310×310	1.55	0.195 516	−0.068 1	2.959 854	2.652 479	2.465 922
23	320×320×320	1.60	0.195 532	−0.059 9	2.963 772	2.654 085	2.494 965

续表 6-3

模型编号	像素大小	像素大小变化倍数	孔隙度	孔隙度相对误差/%	骨架分形维数	孔隙分形维数	边界分形维数
24	330×330×330	1.65	0.195 524	−0.063 7	2.964 656	2.658 741	2.507 978
25	340×340×340	1.70	0.195 521	−0.065 2	2.962 565	2.654 019	2.482 578
26	350×350×350	1.75	0.195 513	−0.069 4	2.961 488	2.650 351	2.461 691
27	360×360×360	1.80	0.195 507	−0.072 8	2.967 663	2.663 086	2.527 894
28	370×370×370	1.85	0.195 510	−0.071 1	2.960 457	2.660 107	2.456 190
29	380×380×380	1.90	0.195 481	−0.081 5	2.962 467	2.657 065	2.474 530
30	390×390×390	1.95	0.195 495	−0.078 8	2.964 245	2.660 865	2.493 480
31	400×400×400	2.00	0.195 494	−0.079 3	2.963 613	2.656 551	2.477 100

首先需要判断不同像素大小的模型是否表征了模型的精确性,图 6-18 显示了模型的孔隙度及其相对误差,模型像素从最小的 100×100×100 到最大的 400×400×400,所有模型孔隙度的相对误差都在−0.1‰～0.2‰范围内,说明像素大小为 100×100×100 时已经能表征模型,与 C12 模型基本一致,不同像素的模型基本不存在差异,分形维数影响原因将只是盒计数算法对不同像素大小所引起的固有计算误差。

表 6-3 列出不同像素大小数字岩心的分形维数,观察表中数据,当模型的像素大小与对比模型 C12 一样时(编号 11),两者计算的孔隙度和分形维数是完全一样的。此外,将其分形维数投影到分形参考模型中,有助于观察变化趋势以及影响程度。图 6-19 中纵坐标为分形维数,顶上的横坐标为分形参考模型的孔隙度,底下的横坐标表示不同像素大小模型的编号。从图中可以看出,随着编号的增加,骨架、孔隙和边界分形维数都在波动变化,并且波动的方向是一致的。骨架分形维数的波动最小,边界分形维数的波动最大,说明像素大小对边界分形维数的影响更大。

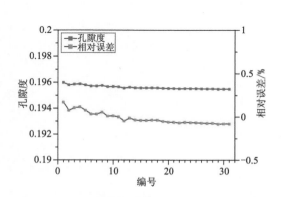

图 6-18 不同像素模型的孔隙度及其相对误差

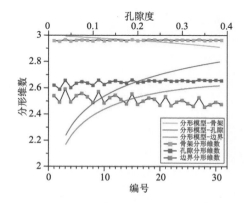

图 6-19 不同像素模型的分形维数与参考模型对比

对比不同像素模型分形维数的相对误差,有利于进一步分析模型像素对分形维数的影响。以分形参考模型分形维数变化幅度为基准,统计分形维数的相对误差,分形参考模型的骨架、孔隙和边界分形维数的变化幅度分别为 0.082 526、0.558 957 和 0.448 697,相对误差计算方式与不同尺寸模型的相对误差计算公式类似。

计算不同像素模型分形维数的相对误差,如图 6-20 所示。从图中可以看出骨架、孔隙和边界分形维数的相对误差在 0 处上下波动,这是因为像素大小影响到盒计数算法中盒子尺寸的选择,进而影响到拟合数据点,最终引起分形维数的变化。选取的因素序列相对于传统的几何序列和算数序列,在分形维数计算的稳定性和正确性上更具优势。观察图 6-20,相对误差主要在 -15%~15% 区间内变化,三条曲线的波动规律是一致的,即同时向上或者向下波动。骨架和孔隙分形维数的相对误差比边界分形维数的误差小,在 -10%~10% 波动。

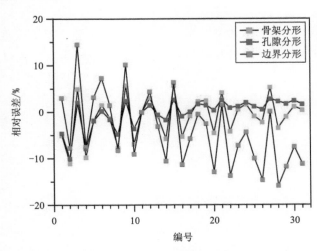

图 6-20 不同像素模型的分形维数相对误差

对于像素大小引起的误差,最简单有效的办法是保持所有待研究数字岩心的像素大小相同,所有过程法岩心的像素大小都为 200×200×200。然而,对于利用 X 射线 CT 扫描法建立的数字岩心,由于在岩心尺寸、扫描分辨率、体积元分析等多因素影响下,很难保持岩心尺寸大小和像素大小一致,因此分析像素大小对分形维数的影响规律和影响程度,对于分析 CT 岩心的分形维数,判断像素大小对其影响程度具有参考作用。

从上面的分析中可以总结,在开展数字岩心分形维数表征时,首先应保持所有待研究数字岩心的尺寸大小尽可能一致,其次应使其像素大小保持一致,如无法满足像素大小一致,则应选择相对误差比较小的像素。

三、分形维数评价孔隙结构复杂性

基于分形维数评价多孔介质孔隙结构的复杂性,传统上都是对分形维数的绝对值进行直接比较,然而这不可避免地造成孔隙质量分数对评价结果的影响。正是考虑到这个因素,为建立分形参考模型提供了思路,以过程法模型分形维数与孔隙度的变化曲线为参考曲线,将研究样本的分形维数映射于同一个坐标系中,然后通过比较其与参考曲线的相对位置关系,判断孔隙结构复杂性。简而言之,方法是将研究样本分形维数由绝对值的比较转换成相对值的比较,进而能减小甚至消除孔隙度的影响,突出孔隙特征(孔隙空间的大小、分布、迂曲程度)对分形维数的影响,从而反过来利用分形维数判断孔隙结构复杂程度。

为了分析和比较两种方式(即分形维数的绝对值和相对值方法)对多孔介质复杂性评价效果,以 CT 样本为基础进行分析。首先,按照传统上的绝对值比较方法对 CT 样本的复杂性进行分类。然后,基于分形参考模型相对值方法进行分类。最后,通过孔隙度、复杂性和渗透率的关系以及三维图像等综合分析,对比两种分类结果的合理性和准确性,从而验证相对值方法的优势。通过以参考模型为基础的相对值比较方法,为准确判断多孔介质的复杂性提供了新的研究思路。

过程法岩心模型孔隙空间的大小和分布更接近砂岩岩石,因此重点以砂岩为研究对象,分析砂岩的分形特征。根据前面对分形维数计算误差影响因素的分析,观察表 6-4 可以看出9 种 CT 数字岩心的实际大小相差较大。为了消除岩心大小对分形维数的影响,通过截取数字岩心合适大小的方法,使所有 CT 数字岩心的大小尽可能保持一致,即在 1600 μm×1600 μm×1600 μm 左右,CT 数字岩心截取合适大小前后的物理参数如表 6-4 所示。从表中可以看出数字岩心图像处理前后孔隙度几乎一致,说明截取后的岩心表征了原始岩心的孔隙结构性质。

另一方面,像素包括 160×160×160、180×180×180、280×280×280 和 300×300×300四种大小,通过前面的像素大小相对误差分析,这四种像素以 200×200×200 像素为基准,相对误差在 −3%～5% 的范围内,因此基本消除了岩心大小和像素大小对分形维数的影响,所计算的分形维数只反映岩心本身固有的孔隙结构差异(即孔隙空间的体积分数、大小、形状、分布等)。

表 6-4　三维数字岩心截取合适尺寸前后参数对比

岩心编号	初始图像			裁剪图像		
	像素大小	样本大小/ μm×μm×μm	孔隙度/%	像素大小	样本大小/ μm×μm×μm	孔隙度/%
S1	300×300×300	2604×2604×2604	14.13	180×180×180	1562×1562×1562	14.16
S2	300×300×300	2820×2820×2820	16.86	180×180×180	1638×1638×1638	16.92
S3	300×300×300	2688×2688×2688	17.13	180×180×180	1612×1612×1612	17.09
Berea	400×400×400	2140×2140×2140	19.65	300×300×300	1605×1605×1605	19.67
S4	300×300×300	1800×1800×1800	21.13	280×280×280	1680×1680×1680	21.28
S5	300×300×300	1530×1530×1530	23.96	300×300×300	1530×1530×1530	23.96
S6	300×300×300	1488×1488×1488	24.63	300×300×300	1488×1488×1488	24.63
S7	300×300×300	1440×1440×1440	25.05	300×300×300	1440×1440×1440	25.05
SP	300×300×300	3000×3000×3000	37.71	160×160×160	1600×1600×1600	37.73

1. 分形维数绝对值方法

为了说明利用盒计数分形维数的绝对值评价多孔介质复杂程度。按照 CT 样本分形维数的绝对值大小对其复杂性进行评价,评价结果如图 6-21 和表 6-5 所示。下面分别对基于孔隙分形维数和边界分形维数的复杂性评价结果进行分析。

观察基于孔隙分形维数的复杂性判断结果,根据绝对值的大小进行孔隙空间复杂性分类,如图 6-21 中绿色点和表 6-5。由于样本 S1 具有最小的孔隙分形维数,因此在所有岩心样本中复杂性归类为低。S4、S2、S3 的孔隙分形维数相对较小,分类为中等偏低。类似地,S5、Berea、S7、S6 具有较大的孔隙分形维数,分类为中等偏高。SP 具有最大的分形维数,复杂性分类为高。分类结果存在几个明显不合理的地方,如 SP 是人造岩心,渗透率很大,并且三维图像孔隙空间较简单,表明其孔隙结构相对比较简单,但是由于 SP 孔隙分形维数绝对值最大而归类为复杂,这明显是不合理的。S2 和 S3 的三维图像显示其孔隙空间更小、更加分散、更加迂曲,渗透率更低,因此它们的复杂性应该更加高。因此,基于分形维数绝对值判断孔隙结构复杂性显然是不合理的。这解释为分形维数在很大程度上受孔隙度(分形相体积分数)的影响,从而不可避免地影响基于分形维数绝对值的评价结果。

类似地,观察基于边界分形维数的复杂性判断结果,如图 6-21 中红色点和表 6-5。样本 S2、S3、Berea、S6、SP 五个岩心的边界分形维数基本相同(S2 和 S3 由于孔隙度和分形维数都很接近,因此图中两个点靠得很近),如果只根据分形维数的绝对值大小判断复杂性,很容易也很自然地把这五种样本孔隙结构复杂性归类为高。此外,S1、S4、S5 由于边界分形维数很小,因此复杂性判断为低。S7 轻微小于 Berea 边界分形维数,因此判断其为中等偏高。虽然边界分形维数可以有效地反映孔隙结构的不规则性,

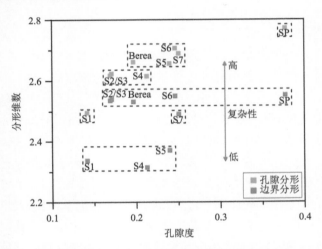

图 6-21　基于分形维数绝对值的样本孔隙结构复杂性分析

但用绝对值来判断仍存在一些不合理的分类结果,如 S2、S3、Berea、S6、SP 五个样本都归类为高,正如前面所解释的数字岩心孔隙结构特征,将这五种归为一类,显然是不合理的。这解释为边界分形维数也受到孔隙度的影响,尽管影响小于孔隙分形维数受到的影响。因此,有必要在分形参考模型的基础上建立相对分形维数的评价标准来判断样本的复杂性。

表 6-5　基于孔隙和边界分形维数绝对值评价孔隙结构复杂性

岩心编号	基于孔隙分形维数评价		基于边界分形维数评价	
	孔隙分形维数	复杂性	边界分形维数	复杂性
S1	2.497 0	低	2.338 8	低
S2	2.618 7	中等偏低	2.537 3	高
S3	2.624 9	中等偏低	2.541 0	高
Berea	2.662 7	中等偏高	2.533 5	高
S4	2.616 3	中等偏低	2.316 4	低
S5	2.657 6	中等偏高	2.371 9	低

续表 6-5

岩心编号	基于孔隙分形维数评价		基于边界分形维数评价	
	孔隙分形维数	复杂性	边界分形维数	复杂性
S6	2.707 6	中等偏高	2.551 9	高
S7	2.690 4	中等偏高	2.492 5	中等偏高
SP	2.772 9	高	2.554 3	高

2. 分形维数相对值方法

为了在评估样本复杂性时消除孔隙度对分形维数的影响,提出了分形维数相对值评价方法(Li et al.,2022)。简单来说,通过比较样本与分形参考模型之间分形维数的相对值来判断样本的复杂性。当样本孔隙度与分形参考模型孔隙度一致时,通过计算样本分形维数减去参考模型分形维数来计算分形维数相对值 D_o:

$$D_o = D_s - D_r \tag{6-29}$$

式中:D_s 表示盒计数法计算的样本分形维数;D_r 表示参考模型的分形维数。通过基于大量数据的插值计算,可以假定分形参考模型为连续的曲线(图 6-14),从而满足利用公式(6-29)对整个孔隙度区间(3.92%~38.32%)内任意孔隙度样本相对分形维数的计算。进而根据相对值 D_o(即样本与参考模型之间的相对位置关系)来评估样本的复杂性。

样本的孔隙和边界分形维数与分形参考模型被映射到同一个坐标系中,如图 6-22 所示,其中曲线表示分形参考模型,点表示样本的分形维数。为了突出观察样本和模型之间的位置关系,适当地缩小坐标轴以放大图像中感兴趣的目标[图 6-22(b)]。此外,根据公式(6-29)计算分形维数的相对值 D_o,如表 6-6 所示。

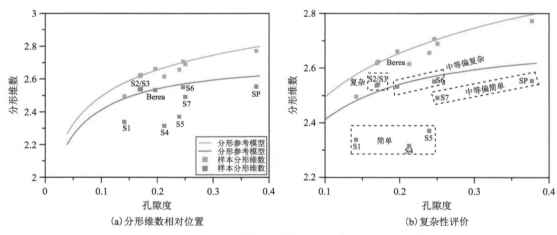

图 6-22　基于分形维数相对值的样本孔隙结构复杂性分析

观察图 6-22,边界分形维数与参考模型的相对位置变化更加明显,因此重点分析边界分形维数以判断样本孔隙结构的复杂性。根据分形维数和参考模型的相对值大小,将 9 种样本孔隙结构复杂性进行归类,并用矩形虚线框选出来,以利于观察分类结果[图 6-22(b)]。样本 S2 和 S3 位于分形参考模型上方,其相对值为正数,说明其孔隙结构复杂性高。类似地,Berea 和 S6 与分形参考模型非常接近,它们的分形维数略小于模型的分形维数,因此评价其孔隙结构复杂性为中等偏高。S7 和 SP 在曲线下方,且偏离曲线较远,因此将其分类为中等偏低。由于 S1、S4、S5 远远在参考曲线下方,并且其相对值很小,判断其孔隙复杂性低。因此,基于边界分形维数对样本孔隙结构复杂性进行定性评价为:S2、S3(高)＞Berea、S6(中等偏高)＞S7、SP(中等偏低)＞S1、S4、S5(低)。

表 6-6　基于边界分形维数相对值的样本孔隙结构复杂性分类结果及物性参数

岩心编号	分形维数			复杂性	孔隙度/%	渗透率/$\times10^{-3}\mu m^2$
	边界分形	参考模型	相对值			
S1	2.338 8	2.481 7	−0.142 9	低	14.1	1678
S2	2.537 3	2.514 0	0.023 4	高	16.9	224
S3	2.541 0	2.515 7	0.025 3	高	17.1	259
Berea	2.533 5	2.538 8	−0.005 3	中等偏高	19.6	1286
S4	2.316 4	2.550 6	−0.234 2	低	21.1	4651
S5	2.371 9	2.567 2	−0.195 3	低	24.0	10 974
S6	2.551 9	2.570 6	−0.018 7	中等偏高	24.6	3898
S7	2.492 5	2.572 8	−0.080 3	中等偏低	25.1	6966
SP	2.554 3	2.617 7	−0.063 4	中等偏低	37.7	35 300

此外,与边界分形维数相比,样本孔隙分形维数与参考模型之间位置关系具有相似的波动,但没有显示出明显的对比。造成这种情况的原因可能是孔隙分形维数的评估能力相对有限,以及这组样本反映的孔隙分形维数差异不够大。总的来说,反映更多孔隙空间信息的边界分形维数是表征数字岩心复杂性更有效的参数。

3. 合理性分析

基于分形维数相对值评价样本复杂性,通过分析孔隙度、孔隙结构复杂性和渗透率之间的关系来解释其合理性。岩石是一种极其复杂的多孔介质,岩石的渗透率受到宏观孔隙度和微观孔隙结构的综合影响(Chen et al.,2018;Qiao et al.,2022)。通常,孔隙度越大、孔隙结构越简单的岩石具有更好的渗流特性,也具有更高的渗透率,反之亦然。因此,可以通过定性分析这三个参数之间的关系来验证评估方法的有效性。

表 6-6 列出了 9 个 CT 岩心样本的边界分形维数、分形维数相对值、孔隙结构复杂性、孔隙度和渗透率参数。样本 S1 尽管孔隙度是最小的,但是由于孔隙结构简单,因此其渗透率较大,远高于 S2 和 S3。S2 和 S3 的孔隙度大于 S1,但孔隙结构远比 S1 复杂,这不利于流体流动,导致渗透率很小。因此,在复杂性评估中将 S1 分类为低,将 S2 和 S3 分类为高是合理的。

此外,Berea 和 S4 孔隙度接近,但由于 S4 复杂性较低,因此其渗透率远大于 Berea。S4 和 S5 的孔隙度小于 S6 的孔隙度,但它们的渗透率大于 S6,这是因为 S4 和 S5 的孔隙结构复杂性低,而 S6 的孔隙结构复杂度中等偏高。S7 和 SP 的孔隙度较大,特别是 SP 具有非常大的孔隙度,复杂性为中等偏低,因此两者的渗透率都很高,特别是人造岩心 SP 具有特别大的渗透率。通过对这些样本的综合分析,可以得出该方法的孔隙结构复杂程度评价结果是合理的。

三维过程法模型孔隙结构特征更接近砂岩岩石,所建立的分形参考模型更适用于砂岩模型。当然,也可以使用其他数值方法重建不同孔隙结构类型的数字岩石模型,然后通过盒计数方法获得数字岩石模型对应的分形参考模型。研究样本的复杂性可以通过分析样本与分形参考模型之间的分形维数相对位置进行评价。总之,提出了应用分形维数相对值评价孔隙结构复杂性的方法,并利用过程法模型和 CT 样本实现了一个具体示例,为应用分形几何理论探索多孔介质孔隙结构特征提供了新思路。

主要参考文献

蔡建超,胡祥云,2015.多孔介质分形理论与应用[M].北京:科学出版社.

曹廷宽,刘成川,曾焱,等,2017.基于 CT 扫描的低渗砂岩分形特征及孔渗参数预测[J].断块油气田,24(5):657-661.

岑为,2012.基于重构模型微孔介孔介质孔隙结构与扩散性能研究[D].北京:北京化工大学.

陈昱林,2016.泥页岩微观孔隙结构特征及数字岩心模型研究[D].成都:西南石油大学.

方辉煌,2020.基于数字岩石物理技术的无烟煤储层 CO_2-ECBM 流体连续过程数值模拟研究[D].徐州:中国矿业大学.

葛新民,2013.非均质碎屑岩储层孔隙结构表征及测井精细评价研究[D].青岛:中国石油大学(华东).

龚小明,滕奇志,王正勇,等,2016.基于中轴线的岩心三维图像孔喉分割算法[J].四川大学学报(工程科学版),48(S2):100-106.

关振良,谢丛姣,董虎,等,2009.多孔介质微观孔隙结构三维成像技术[J].地质科技情报,28(2):115-121.

郭景震,2021.鄂西宜昌地区震旦—寒武系页岩储层孔隙结构定量表征[D].北京:中国地质大学(北京).

郭肖,李闻,2018.数字岩心建模与孔隙网络模拟[M].北京:科学出版社.

何延龙,蒲春生,景成,等,2016.基于 Hoshen-Kopelman 算法的三维多孔介质模型中黏土矿物的构建[J].石油学报,37(8):1037-1046.

侯健,李振泉,关继腾,等,2005.基于三维网络模型的水驱油微观渗流机理研究[J].力学学报,37(6):113-117.

胡志明,2006.低渗透储层的微观孔隙结构特征研究及应用[D].廊坊:中国科学院研究生院(渗流流体力学研究所).

黄丰,2007.多孔介质模型的三维重构研究[D].合肥:中国科学技术大学.

靳军,王子强,寇根,等,2020.准噶尔盆地复杂储层数字岩心技术实验研究及应用[M].北京:石油工业出版社.

雷蕾,2019.基于计算模拟和溶蚀实验的碳酸盐岩孔隙定量表征及孔隙演化特征研究[D].武汉:中国地质大学(武汉).

李楠,1997.激光扫描共聚焦显微术[M].北京:人民军艺出版社.

李小彬,2021.基于三维数字岩心的岩石孔隙结构表征及弹渗属性模拟研究[D].武汉:中国地质大学(武汉).

李云省,邓鸿斌,吕国祥,2002.储层微观非均质性的分形特征研究[J].天然气工业,22(1):37-40+38.

林伟,李熙喆,杨正明,等,2021.致密油储层数字岩心建模及微观渗流模拟[M].北京:石油工业出版社.

林振洲,2019.木里地区天然气水合物数字岩心建模及测井评价方法研究[D].武汉:中国地质大学(武汉).

刘德汉,肖贤明,申家贵,1991.共聚焦激光扫描显微镜在油气评价中的应用初探[J].沉积学报,9(S1):147-151.

刘航宇,田中元,徐振永,2017.基于分形特征的碳酸盐岩储层孔隙结构定量评价[J].岩性油气藏,29(5):97-105.

刘建军,宋睿,汪尧,2021.数字岩心及3D打印在岩石渗流-变形机理研究中的应用[M].北京:科学出版社.

刘磊,姚军,孙海,等,2018.考虑微裂缝的数字岩心多点统计学构建方法[J].科学通报,63(30):3146-3157.

刘姝,2006.数学形态学在信号处理方面的应用研究[D].大连:大连理工大学.

刘爽,2005.储层岩相的分形识别[D].大庆:大庆石油学院.

刘学锋,2010.基于数字岩心的岩石声电特性微观数值模拟研究[D].青岛:中国石油大学(华东).

刘学锋,刁庆雷,孙宝佃,等,2015.采用多点地质统计法重建三维数字岩心[J].测井技术,39(6):698-703.

刘洋,2007.过程法构建数字岩心技术[D].青岛:中国石油大学(华东).

鲁锋,李照阳,杨召,等,2023.激光扫描共聚焦显微分析技术表征页岩亚微米级孔隙中的含油性——以准噶尔盆地芦草沟组页岩为例[J].石油实验地质,45(1):193-202.

路姣,孟国龙,余凌竹,2023.超高分辨率激光扫描共聚焦显微镜的成像技术与应用[J].实验科学与技术,21(1):25-29.

马微,2014.基于岩石薄片图像的多孔介质三维重构研究[D].西安:西安石油大学.

马勇,钟宁宁,程礼军,等,2015.渝东南两套富有机质页岩的孔隙结构特征:来自FIB-SEM的新启示[J].石油实验地质,37(1):109-116.

马勇,钟宁宁,黄小艳,等,2014.聚集离子束扫描电镜(FIB-SEM)在页岩纳米级孔隙结构研究中的应用[J].电子显微学报,33(3):251-256.

聂昕,2014.页岩气储层岩石数字岩心建模及导电性数值模拟研究[D].北京:中国地质大学(北京).

聂昕,胡俊强,万宇,等,2021.基于马尔可夫链-蒙特卡洛法的碳酸盐岩三维数字岩心模型重构[J].长江大学学报(自然科学版),18(2):28-35.

屈乐,2014.基于低渗透储层的三维数字岩心建模及应用[D].西安:西北大学.

任获荣,2004.数学形态学及其应用[D].西安:西安电子科技大学.

宋广寿,高辉,高静乐,等,2009.西峰油田长8储层微观孔隙结构非均质性与渗流机理实验[J].吉林大学学报(地球科学版),39(1):53-59.

苏奥,陈红汉,2015.东海盆地西湖凹陷宝云亭气田油气成藏史:来自流体包裹体的证据[J].石油学报,36(3):300-309.

苏奥,陈红汉,贺聪,等,2016.激光扫描共聚焦显微镜在石油地质学中应用改进[J].电子显微学报,35(6):509-515.

苏娜,2011.低渗气藏微观孔隙结构三维重构研究[D].成都:西南石油大学.

孙华峰,2017.复杂储层描述的数字岩石物理方法及应用研究[D].北京:中国石油大学(北京).

孙卫,史成恩,赵惊蛰,等,2006.X-CT扫描成像技术在特低渗透储层微观孔隙结构及渗流机理研究中的应用:以西峰油田庄19井区长8_2储层为例[J].地质学报,80(5):775-779+789-790.

孙先达,李宜强,戴琦雯,2014.激光扫描共聚焦显微镜在微孔隙研究中的应用[J].电子显微学报,33(2):123-128.

孙先达,索丽敏,张民志,等,2005.激光共聚焦扫描显微检测技术在大庆探区储层分析研究中的新进展[J].岩石学报,21(5):1479-1488.

王晨晨,2013.碳酸盐岩介质双孔隙网络模型构建理论与方法[D].青岛:中国石油大学(华东).

王晨晨,姚军,杨永飞,等,2013.碳酸盐岩双孔隙数字岩心结构特征分析[J].中国石油大学学报(自然科学版),37(2):71-74.

王合明,2013.多孔介质孔隙结构的分形特征和网络模型研究[D].大连:大连理工大学.

王慧锋,战桂礼,罗晓明,2009.基于数学形态学的边缘检测算法研究及应用[J].计算机工程与应用,45(9):223-226.

王剑,李二庭,陈俊,等,2020.准噶尔盆地吉木萨尔凹陷二叠系芦草沟组优质烃源岩特征及其生烃机制研究[J].地质论评,66(3):755-764.

王金波,2014.岩石孔隙结构三维重构及微细观渗流的数值模拟研究[D].北京:中国矿业大学(北京).

王金星,李家英,2007.CLSM技术应用于化石硅藻微构造的尝试研究[J].地球学报,28(1):79-85.

王树文,闫成新,张天序,等,2004.数学形态学在图像处理中的应用[J].计算机工程与应用(32):89-92.

王晓琦,金旭,李建明,等,2019.聚焦离子束扫描电镜在石油地质研究中的综合应用[J].电子显微学报,38(3):303-319.

王羽,汪丽华,王建强,等,2018.基于聚焦离子束-扫描电镜方法研究页岩有机孔三维结构[J].岩矿测试,37(3):235-243.

夏乐天,朱元甡,2007.马尔可夫链预测方法的统计试验研究[J].水利学报(S1):372-378.

徐清华,2019.大庆油田三元复合驱后微观剩余油分布特征[J].大庆石油地质与开发,38(4):110-116.

闫国亮,2013.基于数字岩心储层渗透率模型研究[D].青岛:中国石油大学(华东).

闫国亮,孙建孟,刘学锋,等,2013.过程模拟法重建三维数字岩芯的准确性评价[J].西南石油大学学报(自然科学版),35(2):71-76.

杨飞,2011.利用分形模拟研究储层微观孔隙结构[D].青岛:中国石油大学(华东).

杨坤,王付勇,曾繁超,等,2020.基于数字岩心分形特征的渗透率预测方法[J].吉林大学学报(地球科学版),50(4):1003-1011.

杨庆红,谭吕,蔡建超,等,2012.储层微观非均质性定量表征的分形模型[J].地球物理学进展,27(2):603-609.

杨伟平,张海春,王冰,等,1996.化石研究的新技术:激光扫描共聚焦显微系统[J].古生物学报,35(6):730-733+805-806.

姚军,赵秀才,2010.数字岩心及孔隙级渗流模拟理论[M].北京:石油工业出版社.

姚军,赵秀才,衣艳静,等,2007.储层岩石微观结构性质的分析方法[J].中国石油大学学报(自然科学版),31(1):80-86.

余莉,2005.基于数学形态学的目标检测[D].长沙:国防科学技术大学.

张闯辉,朱炎铭,刘宇,等,2016.不同成熟度页岩孔隙及其分形特征[J].断块油气田,23(5):583-588.

张立强,纪友亮,马文杰,等,1998.博格达山前带砂岩孔隙结构分形几何学特征与储层评价[J].石油大学学报(自然科学版),22(5):32-34+34.

张丽,孙建孟,孙志强,等,2012.多点地质统计学在三维岩心孔隙分布建模中的应用[J].中国石油大学学报(自然科学版),36(2):105-109.

张鹏飞,卢双舫,李俊乾,等,2018.基于扫描电镜的页岩微观孔隙结构定量表征[J].中国石油大学学报(自然科学版),42(2):19-28.

张天付,谢淑云,鲍征宇,等,2016.基于高分辨率CT的孔隙型白云岩储层孔隙系统分形与多重分形研究[J].地质科技情报,35(6):55-62.

张挺,2009.基于多点地质统计的多孔介质重构方法及实现[D].合肥:中国科学技术大学.

张挺,卢德唐,李道伦,2010.基于二维图像和多点统计方法的多孔介质三维重构研究[J].中国科学技术大学学报,40(3):271-277.

张艳玲,刘桂雄,曹东,等,2007.数学形态学的基本算法及在图像预处理中应用[J].科学技术与工程,7(3):356-359.

张运祥,2001.分形理论及图像分形维数实时计算的研究[D].广州:第一军医大学.

赵慧,2010.基于数学形态学的图像边缘检测方法研究[D].大连:大连理工大学.

赵建国,潘建国,胡洋铭,等,2021.基于数字岩心的碳酸盐岩孔隙结构对弹性性质的影响研究(下篇):储层孔隙结构因子表征与反演[J].地球物理学报,64(2):670-683.

赵建鹏,陈惠,李宁,等,2020.三维数字岩心技术岩石物理应用研究进展[J].地球物理学进展,35(3):1099-1108.

赵建鹏,姜黎明,2018.数字岩心技术在测井岩石物理中的应用[M].北京:中国石化出版社.

赵文光,蔡忠贤,韩中文,2006.应用定量方法描述储层孔隙结构的非均质性[J].新疆石油天然气,2(3):22-25+102.

赵秀才,2009.数字岩心及孔隙网络模型重构方法研究[D].青岛:中国石油大学(华东).

赵秀才,姚军,陶军,等,2007.基于模拟退火算法的数字岩心建模方法[J].高校应用数学学报A辑,22(2):127-133.

郑何,2022.致密油储层三维孔隙结构多尺度表征[D].武汉:中国地质大学(武汉).

钟超荣,2021.FIB-SEM双束系统超精细加工与表征应用研究[D].上海:华东师范大学.

周勃然,田中原,赵碧华,1995.用层析技术(CT)确定砂岩的饱和度[J].测井技术,19(1):1-5.

周琦森,2018.致密油储层岩石数字岩心建模与孔隙结构表征研究[D].青岛:中国石油大学(华东).

朱洪林,2014.低渗砂岩储层孔隙结构表征及应用研究[D].成都:西南石油大学.

朱如凯,白斌,崔景伟,等,2013.非常规油气致密储集层微观结构研究进展[J].古地理学报,15(5):615-623.

朱如凯,吴松涛,苏玲,等,2016.中国致密储层孔隙结构表征需注意的问题及未来发展方向[J].石油学报,37(11):1323-1336.

朱伟,2020.基于过程法的数字岩心建模方法研究[J].地球物理学进展,35(4):1539-1544.

朱伟,单蕊,2014.虚拟岩石物理研究进展[J].石油地球物理勘探,49(6):1138-1146+1135.

卓二军,唐领余,张海春,2006.激光扫描共聚焦显微镜在孢粉研究中的应用[J].古生物学报,45(3):430-436.

ADLER P M,JACQUIN C G,QUIBLIER J A,1990. Flow in simulated porous media[J]. International Journal of Multiphase Flow,16(4):691-712.

ADLER P M,JACQUIN C G,THOVERT J F,1992. The formation factor of reconstructed porous media[J]. Water Resources Research,28(6):1571-1576.

ADLER P,THOVERT J,1998. Real porous media:Local geometry and macroscopic properties[J]. Applied Mechanics Reviews,51(9):537-585.

ALYAFEI N,MCKAY T J,SOLLING T I,2016. Characterization of petrophysical properties using pore-network and lattice-Boltzmann modelling:Choice of method and image sub-volume size[J]. Journal of Petroleum Science and Engineering,145:256-265.

AL-KHARUSI A S, BLUNT M J, 2007. Network extraction from sandstone and carbonate pore space images[J]. Journal of Petroleum Science and Engineering, 56 (4): 219-231.

ANDHUMOUDINE A B, NIE X, ZHOU Q, et al. , 2021. Investigation of coal elastic properties based on digital core technology and finite element method[J]. Advances in Geo-Energy Research,5(1):53-63.

ANDRÄ H, COMBARET N, DVORKIN J, et al. , 2013. Digital rock physics benchmarks-Part I:Imaging and segmentation[J]. Computers & Geosciences,50:25-32.

ANOVITZ L M,COLE D R,ROTHER G, et al. ,2013. Diagenetic changes in macro- to nano-scale porosity in the St. Peter Sandstone:An(ultra) small angle neutron scattering and backscattered electron imaging analysis [J]. Geochimica Et Cosmochimica Acta, 102: 280-305.

APLIN A, MACLEOD G, LARTER S, et al. , 1999. Combined use of Confocal Laser Scanning Microscopyand PVT simulation for estimating the composition andphysical properties of petroleum in fluid inclusions [J]. Marine and Petroleum Geology, 16 (2): 97-110.

ARJOVSKY M,CHINTALA S,BOTTOU L,2017. Wasserstein generative adversarial networks[C]. International conference on machine learning,PMLR:214-223.

ARNS C H, BAUGET F, LIMAYE A, et al. , 2005. Pore-scale characterization of carbonates using X-ray microtomography[J]. SPE Journal,10(4):475-484.

ARNS C H,KNACKSTEDT M A,PINCZEWSKI W V,et al. ,2004. Virtual permeametry on microtomographic images[J]. Journal of Petroleum Science and Engineering,45(1-2):41-46.

BAKKE S,ØREN P E,1997. 3-D pore-scale modelling of sandstones and flow simulations in the pore networks[J]. SPE Journal,2(2):136-149.

BANSAL A R,GABRIEL G,DIMRI V P,2010. Power law distribution of susceptibility and density and its relation to seismic properties:An example from the German Continental Deep Drilling Program(KTB)[J]. Journal of Applied Geophysics,72(2):123-128.

BAZAIKIN Y,GUREVICH B,IGLAUER S,et al. ,2017. Effect of CT image size and resolution on the accuracy of rock property estimates[J]. Journal of Geophysical Research: Solid Earth,122(5):3635-3647.

BEKRI S,XU K,YOUSEFIAN F,et al. ,2000. Pore geometry and transport properties in North Sea chalk[J]. Journal of Petroleum Science and Engineering,25(3-4):107-134.

BERG C F, LOPEZ O, BERLAND H, 2017. Industrial applications of digital rock technology[J]. Journal of Petroleum Science and Engineering,157:131-147.

BISWAS M K, GHOSE T, GUHA S, et al. , 1998. Fractal dimension estimation for texture images: A parallel approach[J]. Pattern Recognition Letters,19(3-4):309-313.

BLUNT M J,BIJELJIC B,DONG H,et al. ,2013. Pore-scale imaging and modelling[J]. Advances in Water Resources,51:197-216.

BRAKENHOFF G,VAN DER VOORT H,VAN SPRONSEN E,et al. ,1989. Three-dimensional imaging in fluorescence by confocal scanning microscopy[J]. Journal of Microscopy,153 (2):151-159.

BRYANT S,BLUNT M,1992. Prediction of relative permeability in simple porous media[J]. Physical Review A,46(4):2004-2011.

BRYANT S,RAIKES S,1995. Prediction of elastic-wave velocities in sandstones using structural models[J]. Geophysics,60(2):437-446.

CAI J C,LIN D L,SINGH H,et al. ,2018. Shale gas transport model in 3D fractal porous media with variable pore sizes[J]. Marine and Petroleum Geology,98:437-447.

CAI J C,YU B M,ZOU M Q,et al. ,2010. Fractal characterization of spontaneous Co-current imbibition in porous media[J]. Energy & Fuels,24(3):1860-1867.

CAO D P,HOU Z Y,LIU Q,et al. ,2022. Reconstruction of three-dimension digital rock guided by prior information with a combination of InfoGAN and style-based GAN[J]. Journal of Petroleum Science and Engineering,208:109590.

CHATZIS I,DULLIEN F,1977. Modelling pore structure by 2-D and 3-D networks with applicationto sandstones[J]. Journal of Canadian Petroleum Technology ,16(1):PETSOC-77-01-09.

CHAWLA N,SIDHU R S,GANESH V V,2006. Three-dimensional visualization and micro structure-based modeling of deformation in particle-reinforced composites[J]. ACTA Materialia,54(6):1541-1548.

CHEN Q,SONG Y Q,2002. What is the shape of pores in natural rocks? [J]. Journal of Chemical Physics,116(19):8247-8250.

CHEN X J,YAO G Q,HERRERO-BERVERA E,et al. ,2018. A new model of pore structure typing based on fractal geometry[J]. Marine and Petroleum Geology,98:291-305.

CHEN X,DUAN Y,HOUTHOOFT R,et al. ,2016. InfoGAN:Interpretable representation learning by information maximizing generative adversarial nets[C]. 30th Conference on Neural Information Processing Systems(NIPS),Barcelona,SPAIN.

COELHO D,THOVERT J F,ADLER P M,1997. Geometrical and transport properties of random packings of spheres and aspherical particles [J]. Physical Review E, 55 (2): 1959-1978.

COENEN J, TCHOUPAROVA E, JING X, 2004. Measurement parameters and resolution aspects of micro X-ray tomography for advanced core analysis[C]. Proceedings of International Symposium of the Society of Core Analysts.

COOPER J W,2001. Characterizaiton and reconstruction of three-dimensional porous media[D]. Houston: University of Houston.

CORRALES M, IZZATULLAH M, HOTEIT H, et al. , 2022. A Wasserstein GAN with gradient penalty for 3D porous media generation[C]. Second EAGE Subsurface Intelligence Workshop, European Association of Geoscientists & Engineers: 1-5.

DAIAN J F, FERNANDES C P, PHILIPPI P C, et al. , 2004. 3D reconstitution of porous media from image processing data using a multiscale percolation system[J]. Journal of Petroleum Science and Engineering, 42(1): 15-28.

DATHE A, EINS S, NIEMEYER J, et al. , 2001. The surface fractal dimension of the soil-pore interface as measured by image analysis[J]. Geoderma, 103(1-2): 203-229.

DATHE A, THULLNER M, 2005. The relationship between fractal properties of solid matrix and pore space in porous media[J]. Geoderma, 129(3-4): 279-290.

DE BOER R, 2003. Reflections on the development of the theory of porous media[J]. Applied Mechanics Reviews, 56(6): R27-R42.

DENG S, ZUO L, AYDIN A, et al. , 2015. Permeability characterization of natural compaction bands using core flooding experiments and three-dimensional image-based analysis: Comparing and contrasting the results from two different methods[J]. AAPG Bulletin, 99(1): 27-49.

DONG H M, SUN J M, LI Y F, et al. , 2017. Verification of the carbonate double-porosity conductivity model based on digital cores[J]. Interpretation-a Journal of Subsurface Characterization, 5(2): T173-T183.

DONG H, 2007. Micro-CT imaging and pore network extraction[D]. London: Imperial College.

DOU W C, LIU L F, JIA L B, et al. , 2021. Pore structure, fractal characteristics and permeability prediction of tight sandstones: A case study from Yanchang Formation, Ordos Basin, China[J]. Marine and Petroleum Geology, 123: 104737.

DUNSMUIR J H, FERGUSON S, D'AMICO K, et al. , 1991. X-ray microtomography: A new tool for the characterization of porous media[C]. SPE Annual Technical Conference and Exhibition, Society of Petroleum Engineers: SPE-22860-MS.

ELLIOTT J C, DOVER S D, 1982. X-ray micro-tomography[J]. Journal of Microscopy, 126: 211-213.

FATT I, 1956. The network model of porous media[J]. Transactions of the AIME, 207 (1): 144-181.

FENG J X, HE X H, TENG Q Z, et al. , 2019. Reconstruction of porous media from extremely limited information using conditional generative adversarial networks[J]. Physical Review E, 100(3): 033308.

FENG J X, TENG Q Z, LI B, et al. , 2020. An end-to-end three-dimensional reconstruction framework of porous media from a single two-dimensional image based on deep learning [J]. Computer Methods in Applied Mechanics and Engineering, 368 (15):113043.

FERREIRA I, OCHOA L, KOESHIDAYATULLAH A, 2022. On the generation of realistic synthetic petrographic datasets using a style-based GAN[J]. Scientific Reports, 12 (1):12845.

FOROUTAN-POUR K, DUTILLEUL P, SMITH D L, 1999. Advances in the implementation of the box-counting method of fractal dimension estimation[J]. Applied Mathematics and Computation, 105(2-3):195-210.

FREDRICH J T, MENENDEZ B, WONG T F, 1995. Imaging the pore structure of geomaterials[J]. Science, 268(5208):276-279.

GOODFELLOW I J, POUGET-ABADIE J, MIRZA M, et al., 2014. Generative adversarial nets[C]. 28th Conference on Neural Information Processing Systems (NIPS), Montreal, CANADA:2672-2680.

GUARDIANO F B, SRIVASTAVA R M, 1993. Multivariate geostatistics: beyond bivariate moments. Geostatistics Tróia'92: Volume 1[M], Springer:133-144.

GULRAJANI I, AHMED F, ARJOVSKY M, et al., 2017. Improved training of wasserstein GANs[C]. Advances in Neural Information Processing Systems.

HAGHVERDI A, BANIASSADI M, BAGHANI M, et al., 2021. A modified simulated annealing algorithm for hybrid statistical reconstruction of heterogeneous microstructures [J]. Computational Materials Science, 197:110636.

HAJIZADEH A, SAFEKORDI A, FARHADPOUR F A, 2011. A multiple-point statistics algorithm for 3D pore space reconstruction from 2D images[J]. Advances in Water Resources, 34(10):1256-1267.

HAMMERSLEY J, 2013. Monte carlo methods[M]. Berlin: Springer Science & Business Media.

HANSEN J P, SKJELTORP A T, 1988. Fractal pore space and rock permeability implications[J]. Physical Review B, 38(4):2635-2638.

HAO J, LI G L, SU J, et al., 2021. 3D rock minerals by correlating XRM and automated mineralogy and its application to digital rock physics for elastic properties[J]. Geophysics, 86 (4):MR211-MR222.

HASTINGS W K, 1970. Monte Carlo sampling methods using Markov chains and their applications[J]. Biometrika, 57(1):97-109.

HAZLETT R D, 1997. Statistical characterization and stochastic modeling of pore networks in relation to fluid flow[J]. Mathematical Geology, 29(6):801-822.

HAZLETT R D, CHEN S Y, SOLL W E, 1998. Wettability and rate effects on immiscible displacement: Lattice Boltzmann simulation in microtomographic images of reservoir rocks[J]. Journal of Petroleum Science and Engineering, 20(3-4):167-175.

HIDAJAT I, RASTOGI A, SINGH M, et al., 2002. Transport properties of porous media reconstructed from thin-sections[J]. SPE Journal, 7(1):40-48.

HIDAJAT I, RASTOGI A, SINGH M, et al., 2001. Transport properties of porous media from thin-sections[C]. SPE Latin America and Caribbean Petroleum Engineering Conference, SPE:SPE-69623-MS.

IOANNIDIS M, CHATZIS I, 2000. A dual-network model of pore structure for vuggy carbonates[C]. SCA2000-09, International Symposium of the Society of Core Analysts, Abu Dhabi, UAE.

JIN G, PATZEK T W, SILIN D B, 2003. Physics-based reconstruction of sedimentary rocks[C]. SPE Western Regional/AAPG Pacific Section Joint Meeting, Long Beach, California, Society of Petroleum Engineers.

JOSHI M, 1974. A class three-dimensional modeling technique for studying porous media[D]. Kansas:University of Kansas.

JU Y, ZHENG J T, EPSTEIN M, et al., 2014. 3D numerical reconstruction of well-connected porous structure of rock using fractal algorithms[J]. Computer Methods in Applied Mechanics and Engineering, 279:212-226.

KARRAS T, AILA T, LAINE S, et al., 2017. Progressive growing of GANs for improved quality, stability, and variation[C]. International Conference on Learning Representations(ICLR), arXiv:1710.10196.

KARRAS T, LAINE S, AILA T, 2019. A style-based generator architecture for generative adversarial networks[C]. Proceedings of the IEEE/CVF Conference on Computer Vision and Pattern Recognition:4401-4410.

KATZ A J, THOMPSON A H, 1985. Fractal sandstone pores:Implications for conductivity and pore formation[J]. Physical Review Letters, 54(12):1325-1328.

KIRKPATRICK S, 1984. Optimization by simulated annealing:Quantitative studies[J]. Journal of Statistical Physics, 34(5-6):975-986.

KRIZHEVSKY A, SUTSKEVER I, HINTON G E, 2017. ImageNet classification with deep convolutional neural networks[J]. Communications of the ACM, 60(6):84-90.

KRUMBEIN W C, 1936. The use of quartile measures in describing and comparing sediments[J]. American Journal of Science, 5(188):98-111.

KWIECIEN M, MACDONALD I, DULLIEN F, 1990. Three-dimensional reconstruction of porous media from serial section data[J]. Journal of Microscopy, 159(3):343-359.

LI P, ZHENG M, BI H, et al., 2017. Pore throat structure and fractal characteristics of tight oil sandstone:A case study in the Ordos Basin, China[J]. Journal of Petroleum Science and Engineering,149:665-674.

LI X B,LUO M,LIU J P, 2019. Fractal characteristics based on different statistical objects of process-based digital rock models [J]. Journal of Petroleum Science and Engineering,179:19-30.

LI X B,WEI W,WANG L,et al. ,2022. A new method for evaluating the pore structure complexity of digital rocks based on the relative value of fractal dimension[J]. Marine and Petroleum Geology,141:105694.

LI Y,HE X,ZHU W,et al. ,2022. Digital rock reconstruction using Wasserstein GANs with gradient penalty[C]. International Petroleum Technology Conference,IPTC:D012S123R001.

LIN W,LI X Z,YANG Z M,et al. ,2017. Construction of dual pore 3-D digital cores with a hybrid method combined with physical experiment method and numerical reconstruction method[J]. Transport in Porous Media,120(1):227-238.

LIN W,LI X,YANG Z,et al. ,2019. Multiscale digital porous rock reconstruction using template matching[J]. Water Resources Research,55(8):6911-6922.

LINDQUIST W B,LEE S M,COKER D A,et al. ,1996. Medial axis analysis of void structure in three-dimensional tomographic images of porous media[J]. Journal of Geophysical Research:Solid Earth,101(B4):8297-8310.

LIU C,ZHANG L,LI Y,et al. ,2022. Effects of microfractures on permeability in carbonate rocks based on digital core technology[J]. Advances in Geo-Energy Research,6 (1):86-90.

LIU K Q,OSTADHASSAN M,2017. Multi-scale fractal analysis of pores in shale rocks [J]. Journal of Applied Geophysics,140:1-10.

LIU P C,YUAN Z,LI K W,2016. An improved capillary pressure model using fractal geometry for coal rock[J]. Journal of Petroleum Science and Engineering,145:473-481.

LIU X F,SUN J M,WANG H T,2009. Reconstruction of 3-D digital cores using a hybrid method[J]. Applied Geophysics,6(2):105-112.

LOPEZ X, VALVATNE P H, BLUNT M J, 2003. Predictive network modeling of single-phase non-Newtonian flow in porous media[J]. Journal of Colloid and Interface Science,264 (1):256-265.

LOUCKS R G,REED R M,RUPPEL S C,et al. ,2012. Spectrum of pore types and networks in mudrocks and a descriptive classification for matrix-related mudrock pores[J]. AAPG Bulletin,96(6):1071-1098.

LU D T,ZHANG T,YANG J Q,et al. ,2009. A reconstruction method of porous media integrating soft data with hard data[J]. Chinese Science Bulletin,54(11):1876-1885.

LUO M,GLOVER P W J,ZHAO P Q,et al. ,2020. 3D digital rock modeling of the fractal properties of pore structures[J]. Marine and Petroleum Geology,122:104706.

LYMBEROPOULOS D P, PAYATAKES A C, 1992. Derivation of topological, geometrical, and correlational properties of porous media from pore-chart analysis of serial section data[J]. Journal of Colloid and Interface Science, 150(1):61-80.

MAN H N, JING X D, 1999. Network modelling of wettability and pore geometry effects on electrical resistivity and capillary pressure[J]. Journal of Petroleum Science and Engineering, 24(2-4):255-267.

MANDELBROT B B, 1975. Les objets fractals: forme, hasard et dimension[M]. Paris: Flammarion.

MARIETHOZ G, RENARD P, 2010. Reconstruction of incomplete data sets or images using direct sampling[J]. Mathematical Geosciences, 42(3):245-268.

MASON G, MORROW N R, 1991. Capillary behavior of a perfectly wetting liquid in irregular triangular tubes[J]. Journal of Colloid and Interface Science, 141(1):262-274.

METROPOLIS N, ROSENBLUTH A W, ROSENBLUTH M N, et al., 1953. Equation of state calculations by fast computing machines[J]. The Journal of Chemical Physics, 21(6):1087-1092.

MINSKY M, 1988. Memoir on inventing the confocal scanning microscope[J]. Scanning, 10(4):128-138.

MIRZA M, OSINDERO S, 2014. Conditional generative adversarial nets[C]. International Conference on Learning Representations(ICLR), arXiv:1411-1784.

MOSSER L, DUBRULE O, BLUNT M J, 2017. Reconstruction of three-dimensional porous media using generative adversarial neural networks[J]. Physical Review E, 96(4):043309.

NIE X, ZOU C C, LI Z H, et al., 2016. Numerical simulation of the electrical properties of shale gas reservoir rock based on digital core[J]. Journal of Geophysics and Engineering, 13(4):481-490.

NIE X, ZOU C, MENG X, et al., 2016. 3D digital core modeling of shale gas reservoir rocks: A case study of conductivity model[J]. Natural Gas Geoscience, 27(4):706-715.

OKABE H, BLUNT M J, 2004. Prediction of permeability for porous media reconstructed using multiple-point statistics[J]. Physical Review E, 70(6):066135.

OKABE H, BLUNT M J, 2005. Pore space reconstruction using multiple-point statistics[J]. Journal of Petroleum Science and Engineering, 46(1-2):121-137.

OKABE H, BLUNT M J, 2007. Pore space reconstruction of vuggy carbonates using microtomography and multiple-point statistics[J]. Water Resources Research, 43(12):W12S02.

OTHMAN M R, HELWANI Z, MARTUNUS, 2010. Simulated fractal permeability for porous membranes[J]. Applied Mathematical Modelling, 34(9):2452-2464.

PANG W, 2017. Reconstruction of digital shale cores using multi-point geostatistics[J]. Natural Gas Industry, 37(9):71-78.

PARDOIGUZQUIZA E, CHICAOLMO M, 1993. The Fourier integral method: an efficient spectral method for simulation of random fields[J]. Mathematical Geology, 25(2): 177-217.

PARK S W, HUH J H, KIM J C, 2020. BEGAN v3: Avoiding mode collapse in GANs using variational inference[J]. Electronics, 9(4): 688.

PENG R D, YANG Y C, JU Y, et al., 2011. Computation of fractal dimension of rock pores based on gray CT images[J]. Chinese Science Bulletin, 56(31): 3346-3357.

PENG S, HU Q H, DULTZ S, et al., 2012. Using X-ray computed tomography in pore structure characterization for a Berea sandstone: Resolution effect[J]. Journal of Hydrology, 472: 254-261.

PRODANOVIC M, LINDQUIST W B, SERIGHT R S, 2006. Porous structure and fluid partitioning in polyethylene cores from 3D X-ray microtomographic imaging[J]. Journal of Colloid and Interface Science, 298(1): 282-297.

QIAO J C, ZENG J H, CHEN D X, et al., 2022. Permeability estimation of tight sandstone from pore structure characterization[J]. Marine and Petroleum Geology, 135: 105382.

QUIBLIER J A, 1984. A new three-dimensional modeling technique for studying porous media[J]. Journal of Colloid and Interface Science, 98(1): 84-102.

RADFORD A, METZ L, CHINTALA S, 2015. Unsupervised representation learning with deep convolutional generative adversarial networks[C]. International Conference on Learning Representations(ICLR), arXiv: 1511-06434.

RAMANDI H L, MOSTAGHIMI P, ARMSTRONG R T, 2017. Digital rock analysis for accurate prediction of fractured media permeability[J]. Journal of Hydrology, 554: 817-826.

ROBERTS A P, 1997. Statistical reconstruction of three-dimensional porous media from two-dimensional images[J]. Physical Review E, 56(3): 3203-3212.

ROBERTS A P, TORQUATO S, 1999. Chord-distribution functions of three-dimensional random media: Approximate first-passage times of Gaussian processes[J]. Physical Review E, 59(5): 4953-4963.

ROBERTS J N, SCHWARTZ L M, 1985. Grain consolidation and electrical conductivity in porous media[J]. Physical Review B, 31(9): 5990-5997.

ROY A, PERFECT E, DUNNE W M, et al., 2007. Fractal characterization of fracture networks: An improved box-counting technique[J]. Journal of Geophysical Research: Solid Earth, 112(B12): B12201.

RUMELHART D E, HINTON G E, WILLIAMS R J, 1986. Learning representations by back-propagating errors[J]. Nature, 323(6088): 533-536.

RUSSELL D A, HANSON J D, OTT E, 1980. Dimension of strange attractors[J]. Physical Review Letters, 45(14): 1175-1178.

SAKELLARIOU A, ARNS C H, SHEPPARD A P, et al. , 2007. Developing a virtual materials laboratory[J]. Materials Today, 10(12):44-51.

SANYAL D, RAMACHANDRARAO P, GUPTA O P, 2006. A fractal description of transport phenomena in dendritic porous network[J]. Chemical Engineering Science, 61(2): 307-315.

SCHWARTZ L M, KIMMINAU S, 1987. Analysis of electrical conduction in the grain consolidation model[J]. Geophysics, 52(10):1402-1411.

SERRA J, 1982. Image analysis and mathematical morphology[M]. New York: Academic Press.

SHIN H, LINDQUIST W B, SAHAGIAN D L, et al. , 2005. Analysis of the vesicular structure of basalts[J]. Computers & Geosciences, 31(4):473-487.

SILIN D B, JIN G, PATZEK T W, 2003. Robust determination of the pore space morphology in sedimentary rocks[C]. SPE Annual Technical Conference and Exhibition, OnePetro:69-70.

SOHN H Y, MORELAND C, 1968. The effect of particle size distribution on packing density[J]. The Canadian Journal of Chemical Engineering, 46(3):162-167.

STRAUBHAAR J, WALGENWITZ A, RENARD P, 2013. Parallel multiple-point statistics algorithm based on list and tree structures[J]. Mathematical Geosciences, 45(2): 131-147.

STREBELLE S, 2002. Conditional simulation of complex geological structures using multiple-point statistics[J]. Mathematical Geology, 34(1):1-21.

SUN H F, BELHAJ H, TAO G, et al. , 2019. Rock properties evaluation for carbonate reservoir characterization with multi-scale digital rock images[J]. Journal of Petroleum Science and Engineering, 175:654-664.

TAHMASEBI P, SAHIMI M, KOHANPUR A H, et al. , 2017. Pore-scale simulation of flow of CO_2 and brine in reconstructed and actual 3D rock cores[J]. Journal of Petroleum Science and Engineering, 155:21-33.

TALUKDAR M S, TORSAETER O, 2002. Reconstruction of chalk pore networks from 2D backscatter electron micrographs using a simulated annealing technique[J]. Journal of Petroleum Science and Engineering, 33(4):265-282.

TAN M J, SU M N, LIU W H, et al. , 2021. Digital core construction of fractured carbonate rocks and pore-scale analysis of acoustic properties[J]. Journal of Petroleum Science and Engineering, 196:107771.

TAN X H, LIU J Y, LI X P, et al. , 2015. A simulation method for permeability of porous media based on multiple fractal model[J]. International Journal of Engineering Science, 95:76-84.

TAO G L, ZHANG J R, 2009. Two categories of fractal models of rock and soil expressing volume and size-distribution of pores and grains[J]. Chinese Science Bulletin, 54 (23):4458-4467.

THOVERT J F, ADLER P M, 2011. Grain reconstruction of porous media: Application to a Bentheim sandstone[J]. Physical Review E, 83(5):056116.

TOMUTSA L, SILIN D, RADMILOVIC V, 2007. Analysis of chalk petrophysical properties by means of submicron-scale pore imaging and modeling[J]. SPE Reservoir Evaluation & Engineering, 10(3):285-293.

TRASK P D, 1933. Origin and environment of source sediments[M]. Tulsa: AAPG.

TSAKIROGLOU C D, PAYATAKES A C, 2000. Characterization of the pore structure of reservoir rocks with the aid of serial sectioning analysis, mercury porosimetry and network simulation[J]. Advances in Water Resources, 23(7):773-789.

VALSECCHI A, DAMAS S, TUBILLEJA C, et al., 2020. Stochastic reconstruction of 3D porous media from 2D images using generative adversarial networks[J]. Neurocomputing, 399: 227-236.

VOGEL H J, ROTH K, 2001. Quantitative morphology and network representation of soil pore structure[J]. Advances in Water Resources, 24(3-4):233-242.

VOLKHONSKIY D, MURAVLEVA E, SUDAKOV O, et al., 2019. Reconstruction of 3d porous media from 2d slices[C]. International Conference on Learning Representations (ICLR), arXiv:1901. 10233.

WANG H M, LIU Y, SONG Y C, et al., 2012. Fractal analysis and its impact factors on pore structure of artificial cores based on the images obtained using magnetic resonance imaging[J]. Journal of Applied Geophysics, 86:70-81.

WANG Y, ZHANG T, LIU J, et al., 2009. The study of porous media reconstruction using a 2D micro-CT image and MPS[C]. 2009 International Conference on Computational Intelligence and Software Engineering, IEEE:1-5.

WEI Y, NIE X, JIN L D, et al., 2018. Investigation of sensitivity of shale elastic properties to rock components based on a digital core technology and finite element method [J]. Arabian Journal of Geosciences, 11(10):224.

WILSON T, 1989. Three-dimensional imaging in confocal systems [J]. Journal of Microscopy, 153(2):161-169.

WOOD D A, 2021. Techniques used to calculate shale fractal dimensions involve uncertainties and imprecisions that require more careful consideration[J]. Advances in Geo-Energy Research, 5(2):153-165.

WU J B, ZHANG T F, JOURNEL A, 2008. Fast FILTERSIM simulation with score-based distance[J]. Mathematical Geosciences, 40(7):773-788.

WU K J,NUNAN N,CRAWFORD J W,et al.,2004. An efficient Markov chain model for the simulation of heterogeneous soil structure[J]. Soil Science Society of America Journal,68(2):346-351.

WU K,VAN DIJKE M I,COUPLES G D, et al. ,2006. 3D stochastic modelling of heterogeneous porous media-applications to reservoir rocks[J]. Transport in Porous Media, 65:443-467.

WU Y Q,TAHMASEBI P,LIN C Y,et al.,2019. A comprehensive study on geometric, topological and fractal characterizations of pore systems in low-permeability reservoirs based on SEM,MICP,NMR,and X-ray CT experiments[J]. Marine and Petroleum Geology,103: 12-28.

WU Z H,ZUO Y J,WANG S Y,et al.,2016. Numerical simulation and fractal analysis of mesoscopic scale failure in shale using digital images[J]. Journal of Petroleum Science and Engineering,145:592-599.

XIA Y X, CAI J C, PERFECT E, et al. , 2019. Fractal dimension, lacunarity and succolarity analyses on CT images of reservoir rocks for permeability prediction[J]. Journal of Hydrology,579:124198.

YANG Y F,LIU F G,YAO J,et al.,2022. Multi-scale reconstruction of porous media from low-resolution core images using conditional generative adversarial networks[J]. Journal of Natural Gas Science and Engineering,99:104411.

YANG Y F,LIU F G,ZHANG Q,et al.,2023. Recent advances in multiscale digital rock reconstruction, flow simulation, and experiments during shale gas production[J]. Energy & Fuels,37(4):2475-2497.

YANG Y F,YAO J,WANG C C,et al.,2015. New pore space characterization method of shale matrix formation by considering organic and inorganic pores[J]. Journal of Natural Gas Science and Engineering,27:496-503.

YANG Y,LIU F,YAO J,et al.,2021. Reconstruction of 3D shale digital rock based on generative adversarial network[J]. Journal of Southwest Petroleum University(Science & Technology Edition),43(5):73.

YAO J, HU R R, WANG C C, et al. , 2015. Multiscale pore structure analysis in carbonate rocks[J]. International Journal for Multiscale Computational Engineering,13(1): 1-9.

YAO J,WANG C C,YANG Y F,et al.,2013. The construction of carbonate digital rock with hybrid superposition method[J]. Journal of Petroleum Science and Engineering,110: 263-267.

YEONG C L Y, TORQUATO S, 1998. Reconstructing random media[J]. Physical Review E,57(1):495-506.

YOU N, ELITA LI Y, CHENG A, 2021. 2D-to-3D reconstruction of carbonate digital rocks using Progressive Growing GAN [C]. First International Meeting for Applied Geoscience & Energy, Society of Exploration Geophysicists: 1490-1494.

YOU N, LI Y E, CHENG A, 2021. 3D carbonate digital rock reconstruction using progressive growing GAN[J]. Journal of Geophysical Research: Solid Earth, 126(5): e2021JB021687.

YU B M, CAI J C, ZOU M Q, 2009. On the physical properties of apparent two-phase fractal porous media[J]. Vadose Zone Journal, 8(1): 177-186.

ZHA W S, LI X B, LI D L, et al., 2021. Shale digital core image generation based on generative adversarial networks[J]. Journal of Energy Resources Technology-Transactions of the Asme, 143(3): JERT-19-1846.

ZHA W S, LI X B, XING Y, et al., 2020. Reconstruction of shale image based on Wasserstein Generative Adversarial Networks with gradient penalty[J]. Advances in Geo-Energy Research, 4(1): 107-114.

ZHANG F, TENG Q Z, CHEN H G, et al., 2021. Slice-to-voxel stochastic reconstructions on porous media with hybrid deep generative model[J]. Computational Materials Science, 186: 110018.

ZHANG J R, TAO G L, HUANG L, et al., 2010. Porosity models for determining the pore-size distribution of rocks and soils and their applications[J]. Chinese Science Bulletin, 55(34): 3960-3970.

ZHANG Q P, LIU Y C, WANG B T, et al., 2022. Effects of pore-throat structures on the fluid mobility in chang 7 tight sandstone reservoirs of longdong area, Ordos Basin[J]. Marine and Petroleum Geology, 135: 105407.

ZHANG T, XIA P F, LU F F, 2021. 3D reconstruction of digital cores based on a model using generative adversarial networks and variational auto-encoders[J]. Journal of Petroleum Science and Engineering, 207: 109151.

ZHANG Z Y, WELLER A, 2014. Fractal dimension of pore-space geometry of an Eocene sandstone formation[J]. Geophysics, 79(6): D377-D387.

ZHANG Z, LI C F, NING F L, et al., 2020. Pore fractal characteristics of hydrate-bearing sands and implications to the saturated water permeability[J]. Journal of Geophysical Research: Solid Earth, 125(3): e2019JB018721.

ZHAO H Q, MACDONALD I F, KWIECIEN M J, 1994. Multi-orientation scanning: a necessity in the identification of pore necks in porous media by 3-D computer reconstruction from serial section data[J]. Journal of Colloid and Interface Science, 162(2): 390-401.

ZHAO J Y, WANG F Y, CAI J C, 2021. 3D tight sandstone digital rock reconstruction with deep learning[J]. Journal of Petroleum Science and Engineering, 207: 109020.

ZHAO J, CHEN H, LI N, 2020. The study of elastic properties of fractured porous rock based on digital rock [C]. IOP Conference Series: Earth and Environmental Science, IOP

Publishing:022022.

ZHENG H,YANG F,GUO Q L,et al. ,2022. Multi-scale pore structure,pore network and pore connectivity of tight shale oil reservoir from Triassic Yanchang Formation,Ordos Basin[J]. Journal of Petroleum Science and Engineering,212:110283.

ZHENG Q,ZHANG D X,2022. Digital rock reconstruction with user-defined properties using conditional generative adversarial networks[J]. Transport in Porous Media,144(1): 255-281.

ZHU L Q,ZHANG C,ZHANG C M,et al. ,2019. Challenges and prospects of digital core-reconstruction research[J]. Geofluids. 2019:7814180.

ZHU W,YU W H,CHEN Y,2012. Digital core modeling from irregular grains[J]. Journal of Applied Geophysics,85:37-42.

ØREN P E,BAKKE S,2002. Process based reconstruction of sandstones and prediction of transport properties[J]. Transport in Porous Media,46(2-3):311-343.

ØREN P E,BAKKE S,2003. Reconstruction of Berea sandstone and pore-scale modelling of wettability effects[J]. Journal of Petroleum Science and Engineering,39(3-4):177-199.